Handbuch für die Berechnung von Kanälen Leitungen und Durchlässen des Wasserbaues

Bearbeitet und herausgegeben

von

E. Wild

Leitender Stadtbaudirektor a. D. der Groß-Berliner Stadtentwässerung, Berlin

unter Mitwirkung von

O. Schöberlein

Magistratsbaurat a. D., Berlin

Zweite neubearbeitete und erweiterte Auflage

Mit 11 Tafeln und 24 Abbildungen

Springer-Verlag

Berlin / Göttingen / Heidelberg

1952

ISBN 978-3-642-53275-7   ISBN 978-3-642-53274-0 (eBook)
DOI 10.1007/978-3-642-53274-0

Vorwort zur zweiten Auflage.

Das Handbuch ist ein wertvolles Hilfsmittel bei der Berechnung von Kanälen, Leitungen und Durchlässen des Wasserbaues sowie bei der Feststellung ihrer Durchflußmengen und Durchflußgeschwindigkeiten bei Scheitelfüllung, der Lichtquerschnitte, deren Umfänge und hydraulischen Radien, der Bestimmung der benetzten Umfänge, der wasserführenden Querschnitte, der hydraulischen Radien und der Füllhöhen bei nicht vollaufenden Leitungen, der Konstruktion der Lichtquerschnitte mit ihren Leistungs- und Geschwindigkeitskurven zur unmittelbaren Feststellung der Abflußmengen und Abflußgeschwindigkeiten für alle vorkommenden Füllhöhen und Gefälle bei dem Entwerfen von Stadtentwässerungs- und Wasserversorgungsanlagen, Grundstücksentwässerungen, Be- und Entwässerungsleitungen, Durchlässen, kulturtechnischen Leitungsbauten und dergleichen.

Seit dem Erscheinen der ersten Auflage im Jahre 1931 hat sich das Handbuch bei der Aufstellung von Leitungsentwürfen im Städte- und Wasserbau bestens bewährt, was durch die vielen Anerkennungen bestätigt worden ist. Die in übersichtlicher Weise zusammengestellten Berechnungsergebnisse, Tabellen und Tafeln waren für die Entwurfsbearbeiter ein bequemes und unentbehrliches, wichtiges Hilfsmittel.

Die Herausgabe der Neuauflage war bereits seit längerem geplant, konnte aber infolge des Krieges und seiner Auswirkung erst jetzt erfolgen.

Die neue Auflage mußte vollkommen umgearbeitet und ergänzt werden, weil der Normenausschuß die Leitungsquerschnitte des Wasserbaues im Juni 1947 für Deutschland endgültig festgelegt hat — DIN 4263 —. Sämtliche genormten Querschnittstypen wurden restlos übernommen. Desgleichen auch die vom Normenausschuß einheitlich festgelegten Formelzeichen und Begriffsbezeichnungen in der Abwassertechnik vom Oktober 1943 — DIN 4045 —.

Die erste Auflage enthielt 52 Querschnittsformen, die nach den Berechnungsgrundlagen des Normenausschusses umgearbeitet wurden, außerdem kamen noch 21 neue Formen hinzu, so daß jetzt insgesamt 73 Typen für die Berechnungs- und Querschnittstabellen bearbeitet worden sind. Hierdurch hat das Handbuch eine wesentliche Bereicherung erfahren.

Auch sind die in der ersten Auflage vorgesehenen 52 Tafeln zur unmittelbaren Feststellung der Abflußmengen und Abflußgeschwindigkeiten für alle vorkommenden Füllhöhen bei der Neubearbeitung der „Q- und V-Kurven" in Prozenten aufgetragen und berechnet worden. Dadurch ist die Berechnung aller Füllhöhen für die 73 Typen sowie aller Zwischenformen in der einfachsten Weise gelöst, was die Benutzung des Werkes wesentlich einfacher, handlicher und übersichtlicher gestaltet.

Zur besseren Übersicht und zum leichteren Auffinden der einzelnen Formen wurde eine Tafel der genormten Querschnittsformen mit der jeweiligen Nummern-

Bezeichnung gebracht. Besonders wertvoll für den Entwurfsbearbeiter ist auch der dem Buche beigegebene Anhang, Abschnitt I—VI.

Wir möchten es nicht unterlassen, Herrn Professor Marquardt, Technische Hochschule Stuttgart, unseren herzlichsten Dank auszusprechen für die wertvollen Anregungen, die er uns für die Bearbeitung der neuen Auflage in dankenswerter Weise zugeleitet hat. Sie haben in der Neuauflage Berücksichtigung gefunden und den Gebrauchswert des Werkes günstig beeinflußt. Auch dem Springer-Verlag gebührt unser Dank für die uns gewährte Unterstützung bei der Neubearbeitung und Neugestaltung unseres Werkes sowie für die einwandfreie Ausgestaltung desselben.

Möge die vorliegende Neuauflage ihren Zweck erfüllen und dazu beitragen, den Entwurfsbearbeitern die erforderlichen, umfangreichen, oft sehr schwierigen hydraulischen Berechnungen zu erleichtern und ihnen eine schnelle, sichere und vereinfachte Arbeitsweise zu bieten.

Berlin, im Juni 1951.

E. Wild.   **O. Schöberlein.**

Inhaltsverzeichnis.

Anhang.

Allgemeines.

Das vorliegende Werk ist dazu bestimmt, die bisher unvermeidliche, oft umfangreiche, schwierige und zeitraubende Rechenarbeit mit ihren vielen Fehlerquellen beim Entwerfen und Berechnen von Kanalisations- und Wasserversorgungsanlagen und dergleichen weitgehendst auszuschalten und dort, wo dies nicht restlos möglich ist, auf ein Minimum zu beschränken.

Die in den Abschnitten IV — VII gebrachten Zahlentabellen beziehen sich auf die genormten Leitungsquerschnitte (Kreis-, Ei-, Maul- und Rinnenquerschnitte). Es können aus diesen Tabellen, die auf das Genaueste errechnet sind, je nach Bedarf ohne weiteres die Rohrlichtweiten, Durchflußmengen, Durchflußgeschwindigkeiten, Kanalgefälle, die leistungsfähigsten und wirtschaftlichsten Querschnitte, Querschnittsflächen, Umfänge, hydraulischen Radien, Wurzeln aus dem Gefälle und dergleichen mehr abgelesen werden.

Die Zahlentabellen liefern, neben der enormen Zeitersparnis infolge des Wegfallens der Rechenarbeit und der zeitraubenden Versuchsrechnungen, ein unbedingt richtiges Zahlenmaterial, das aus den bisher häufig angewandten graphischen Tabellen und sonstigen Hilfsmitteln in dieser Form nicht gewonnen werden konnte und dürften somit einem von vielen Kanalisations-, Wasserleitungs-, Wasserbau- und Meliorationsingenieuren längst gehegten Wunsche entsprechen.

Während sich die Zahlentabellen der Abschnitte IV — VII lediglich auf die genormten Kreis-, Ei-, Maul- und Rinnenquerschnitte erstrecken, sind die Tabellen im VIII. Abschnitt für die Bestimmung der benetzten Umfänge, der wasserführenden Querschnittsflächen und hydraulischen Radien aller anderen noch möglichen Querschnitte vorgenannter Art vorgesehen. Des weiteren können nach diesen Tabellen ohne erheblichen Zeitaufwand die Durchflußmengen und Durchflußgeschwindigkeiten für jede beliebige Füllhöhe nicht vollaufender Querschnitte vorgenannter Art ermittelt werden.

Den Zahlentabellen der Abschnitte IV — VII schließen sich 10 Tafeln an, aus welchen die Konstruktion der Leitungsquerschnitte mit ihren Leistungs- und Geschwindigkeitskurven zur unmittelbaren Feststellung der Abflußmengen und Wassergeschwindigkeiten für alle Füllhöhen und Gefälle hervorgeht.

Sämtliche Zahlentabellen und Tafeln sind nach der meistangewandten und gebräuchlichsten abgekürzten Kutterschen Formel errechnet, welche lautet:

$$Q = F \cdot \frac{100 \cdot \sqrt{R}}{0,35 + \sqrt{R}} \cdot \sqrt{R \cdot J} = F \cdot \frac{100 \cdot R}{0,35 + \sqrt{R}} \cdot \sqrt{J}$$

und

$$v = \frac{Q}{F} = \frac{100 \cdot R}{0,35 + \sqrt{R}} \cdot \sqrt{J}$$

Hierbei bedeutet:

$Q =$ Wassermenge (Durchflußmenge) pro Sekunde in m^3 (in den Zahlentabellen dieses Werkes ist dieselbe in Sekunden-Litern angegeben),

$v =$ die Wassergeschwindigkeit (Durchflußgeschwindigkeit) pro Sekunde in m,

$U =$ benetzter Querschnittsumfang in m,

$F =$ wasserführende Querschnittsfläche in m^2,

$R =$ hydraulischer Radius $= \dfrac{F}{U}$,

$J =$ Wasserspiegelgefälle und

$b =$ Rauhigkeitskoeffizient, der für alle Leitungsarten mit 0,35 angenommen worden ist.

Die gleichartige Bewertung von $b = 0,35$ für gemauerte Kanäle, Kanäle und Rohrleitungen aus Steinzeug, Zementbeton oder Eisen ist erforderlich, weil sich bald nach erfolgter Inbetriebnahme in den Leitungen ein mehr oder weniger kompakter Überzug an den Wänden bildet (bei Kanalisationsleitungen „Sielhaut" genannt), welcher die natürliche Rauhigkeit des Materials der Leitungswandungen aufhebt, so daß in hydraulischer Beziehung nur der Rauhigkeitswert für im Betrieb befindliche Leitungen zu berücksichtigen bleibt.

Auf die im II. Abschnitt gebrachten Anwendungsbeispiele wird noch besonders hingewiesen. Durch diese wird die Anwendung des vorliegenden Werkes in der einfachsten Weise veranschaulicht.

Des weiteren wird auf den Anhang S. 83 verwiesen, der Angaben über die Ermittlung von Regenmengen, Tabellen über Regenhöhen, Regenmengen und Berechnungsregen, Formelzeichen und Begriffsbezeichnungen (DIN 4045) sowie Leitungsquerschnitte des Wasserbaues (DIN 4263) enthält.

Zweiter Abschnitt.

Anwendungsbeispiele.

1. Beispiel.

Aufgabe: Ein Rohrkanal hat ein Wasserspiegelgefälle von $1 : 185$ ($5,4^0/_{00}$) und soll 95 l/s abführen.

Welcher Querschnitt ist zu wählen?

Auflösung: Auf Seite 18, Kreisquerschnitte, findet man in Spalte $1 : 185$ ($5,4^0/_{00}$) $Q = 95,8$ l/s und den zugehörigen Rohrdurchmesser mit 350 mm.

2. Beispiel.

Aufgabe: Ein Kanal hat ein Wasserspiegelgefälle von $1 : 850$ ($1,18^0/_{00}$) und soll 3750 l/s abführen.

a) Welche Ei-, Maul- bzw. Rinnenquerschnitte können gewählt werden,

b) welche Wassergeschwindigkeiten stellen sich bei Vollfüllung in den unter a) ermittelten Querschnitten ein und

c) wie sind die ermittelten Querschnitte zu konstruieren?

Auflösung: Zu a) und b): 1. Auf Seite 38, Normale Eiquerschnitte, findet man in Spalte $1 : 850$ ($1,18^0/_{00}$) ein

$Q = 4535$ l/s bei einem normalen Eiquerschnitt von 1600/2400 mm Lichtweite und
$v = 1,54$ m/s, oder

2. auf Seite 51, Gedrückte Eiquerschnitte, in Spalte $1 : 850$ ($1,18^0/_{00}$) ein

$Q = 3756$ l/s bei einem Querschnitt von 1800/1800 mm Lichtweite und
$v = 1,50$ m/s, oder

3. auf Seite 65, überhöhte Maulquerschnitte, in Spalte 1 : 850 (1,18$^0/_{00}$) ein

$Q = 4201$ l/s bei einem Querschnitt von 1800/1800 mm Lichtweite und

$v = 1,54$ m/s, oder

4. auf der gleichen Seite unter Rinnenquerschnitte mit einseitigem Auftritt ein

$Q = 3907$ l/s bei einem Querschnitt von 1650/2200 mm Lichtweite und

$v = 1,46$ m/s.

Zu c): Die Konstruktion des normalen Eiquerschnittes 1600/2400 mm ist aus Tafel 13, des gedrückten Eiquerschnittes 1800/1800 mm aus Tafel 15, des überhöhten Maulquerschnittes 1800/1800 mm aus Tafel 18 und des Rinnenquerschnittes mit einseitigem Auftritt aus Tafel 19 ersichtlich.

3. Beispiel.

Aufgabe: Ein Kanal (Kreisquerschnitt) von 500 mm Durchmesser hat ein Wasserspiegelgefälle von 1 : 250 (4$^0/_{00}$).

Welches ist

a) die größte Leistungsfähigkeit und

b) die Wassergeschwindigkeit bei Vollfüllung?

Auflösung: Auf Seite 19, Kreisquerschnitte, findet man in Spalte 1 : 250 (4$^0/_{00}$) bei dem Durchmesser von 500 mm

zu a) ein $Q = 220,9$ l/s und

„ b) „ $v = 1,13$ m/s.

4. Beispiel.

Aufgabe: Die zulässige Durchflußgeschwindigkeit eines Wasserrohres von 200 mm Durchmesser beträgt 1,00 m/s.

Wieviel beträgt die Durchflußmenge Q?

Auflösung: Auf Seite 15, Kreisquerschnitte, findet man in der 2. waagerechten Zahlenreihe links vom Querschnittdurchmesser 200 mm eine Geschwindigkeit von

$v = 1,00$ m und eine Durchflußmenge von

$Q = 31,6$ l/s.

5. Beispiel.

Aufgabe: Ein Regenwasserdücker (Kreisquerschnitt) soll zur Vermeidung von Sandablagerungen bei einem Maximalabfluß von 370 l/s eine Durchflußgeschwindigkeit von 3,00 m/s erhalten.

Wieviel beträgt

a) das Wasserspiegelgefälle und

b) der Querschnittdurchmesser?

Auflösung: Auf Seite 12 findet man bei $v = 3,00$ m/s

zu a) ein Wasserspiegelgefälle von 1 : 25 (40$^0/_{00}$) und

„ b) einen Querschnittdurchmesser von 400 mm.

6. Beispiel.

Aufgabe: Ein Schmutzwasserkanal (überhöhter Eiquerschnitt) von 1000 mm Breite, 1750 mm Höhe und einem Gefälle von 1 : 800 (1,25$^0/_{00}$) leistet bei Vollfüllung = 1663 l/s bei $v = 1,21$ m/s. Gelegentlich des Straßenumbaues (Tieferlegung um 35 cm) soll ein Kanal von gleicher Leistungsfähigkeit und gleichem Gefälle, aber einer lichten Höhe von nur 1,40 m eingebaut werden.

Welcher Querschnitt kann Anwendung finden und wo ist derselbe aufgeführt?

Auflösung: Auf Seite 51, gedrückte Eiquerschnitte, findet man in der Spalte 1 : 800 (1,25$^0/_{00}$) einen gedrückten Eiquerschnitt von 1400 mm Breite und 1400 mm Höhe mit einem

$Q = 1977$ l/s und einem

$v = 1,30$ m/s.

Die Konstruktion des gedrückten Eiquerschnitts von 1400/1400 mm Lichtweite geht aus der Tafel 15 hervor.

Beim Gebrauch der Tabellen und Tafeln im VIII. und IX. Abschnitt ist es, ohne die umfangreichen und teilweise schwierigen Berechnungen der wasserführenden Querschnittsflächen, benetzten Umfänge, hydraulischen Radien, Durchflußgeschwindigkeiten und Füllhöhen für nicht vollaufende Leitungen vornehmen zu müssen, möglich, für alle Zwischenquerschnitte, die in den Zahlentabellen des IV. bis VII. Abschnittes (Seite 10 bis 69) nicht enthalten sind, die Durchflußgeschwindigkeiten und Durchflußmengen sowie alle erforderlichen Werte mit Leichtigkeit festzustellen.

Hierzu nachfolgende Beispiele:

7. Beispiel.

Aufgabe: Ein Rohrkanal (Kreisquerschnitt) von 360 mm Durchmesser hat einen Trockenwetterabfluß von 90 mm Füllhöhe.

Wieviel beträgt

a) der benetzte Umfang,

b) die wasserführende Querschnittfläche und

c) der hydraulische Radius?

Auflösung: Eine Füllhöhe von 90 mm oder 0,09 m ergibt bei einem

$$D = 360 \text{ mm oder } 0{,}36 \text{ m und einem Radius } r = 0{,}18 \text{ m} = \frac{0{,}09}{0{,}18} = 0{,}50 \, r.$$

In Tabelle 1, auf Seite 70, findet man in Spalte „Füllhöhe in m" ein $h = 0{,}50 \, r$ und somit

zu a) einen benetzten Umfang $U = 2{,}0944 \, r = 2{,}0944 \cdot 0{,}18 = 0{,}37699$ m,

zu b) eine wasserführende Querschnittsfläche $F = 0{,}6142 \, r^2 = 0{,}6142 \cdot 0{,}18^2 = 0{,}01990$ m²

und

zu c) einen hydraulischen Radius $R = 0{,}2933 \cdot 0{,}18 = 0{,}05279$ m.

8. Beispiel.

Aufgabe: Das Wasserspiegelgefälle in einem gedrückten Eiquerschnitt von 1260/1260 mm Lichtweite (Konstruktion nach Tafel 15) beträgt bei Vollfüllung 1 : 800 (1,25⁰/₀₀).

Wieviel beträgt

a) die Durchflußgeschwindigkeit v und

b) die Durchflußmenge Q bei Vollfüllung?

Auflösung: Wie auf Seite 1 angeführt, ist

$$v = \frac{100 \cdot R}{0{,}35 + \sqrt{R}} \cdot \sqrt{J}$$

R beträgt auf Seite 74, Tabelle 5 hydraulischer Radius

$$= R = \frac{F}{U}$$

bei einem Radius $r = 1{,}00$ m $= 0{,}4927$ m. Mithin beträgt R bei einem Radius $r =$ halbe lichte Querschnittbreite $= \dfrac{1{,}26}{2} = 0{,}63$ m $= 0{,}4927 \cdot 0{,}63 = 0{,}3104$ m.

$\sqrt{J}$ ist $= \sqrt{1 : 800}$ und nach Seite 51, Spalte 1 : 800 $= 0{,}0354$. Somit beträgt

$$v = \frac{100 \cdot 0{,}3104}{0{,}35 + \sqrt{0{,}3104}} \cdot 0{,}0354 = 1{,}2111 \text{ m/s}$$

$$Q = F \cdot v.$$

F beträgt auf Seite 74 $= 3{,}0970 \cdot r^2$, also

$$3{,}0970 \cdot 0{,}63^2 = 1{,}2292 \text{ m}^2 \text{ und}$$

$$Q = 1{,}2292 \cdot 1{,}2111 = 1{,}489 \text{ m}^3/\text{s oder}$$
$$= 1489 \text{ l/s}.$$

Die Füllhöhen, Durchflußmengen und Durchflußgeschwindigkeiten aller Zwischenquerschnitte werden vereinfacht errechnet durch die in den Tabellen und Tafeln 1 bis 20 ermittelten Prozentberechnungen von Füllhöhe, Q_1 und v_1-Kurve.

Siehe nachfolgende Beispiele:

9. Beispiel.

Aufgabe: Der Trockenwetterabfluß eines Kanals (überhöhter Eiquerschnitt) von 600/1050 mm Lichtweite und einem Gefälle 1 : 400 (2,5⁰/₀₀) beträgt 80 l/s.
Wieviel beträgt die Füllhöhe in cm?

Auflösung: Für die gesuchte Füllhöhe wird zuerst die Trockenwetterabflußmenge Q_1 ermittelt =

$$Q_1 = \frac{Q}{\sqrt{J}}.$$

$\sqrt{J} = \sqrt{1:400}$ = Seite 36, Spalte 1:400, vierte Zeile = 0,05.

Somit ist $Q_1 = \dfrac{80}{0,05}$ = 1600 l/s oder 1,600 m³/s.

Die Teilabflußmenge 1600 l/s beträgt prozentual von der Gesamtabflußmenge bei Vollfüllung, Seite 26 = 11777 l/s, errechnet =

$$\frac{100 \cdot 1600}{11777} = 13,58\,\%.$$

In Tafel 12 wird bei einem Q_1 von 13,58% eine Höhe $h = 26\%$ gefunden.
Die Füllhöhe beträgt somit 26% der Gesamt-Querschnittshöhe von 1050 mm

$$= 1050 \cdot 0,26 = 273 \text{ mm} \quad \text{oder} \quad 27,3 \text{ cm}.$$

10. Beispiel.

Aufgabe: Ein Rohrkanal von 400 mm Durchmesser und einem Gefälle von 1 : 220 (4,5⁰/₀₀) hat einen Trockenwetterabfluß von 130 mm Füllhöhe.
Wieviel beträgt die Wassermenge Q in l/s?

Auflösung: Die Wassermenge Q ist $= Q_1 \cdot \sqrt{J}$.

$\sqrt{J} = \sqrt{1:220}$ beträgt auf Seite 18, Spalte 1 : 220 = 0,0674.

Bei einer Füllhöhe von 130 mm beträgt der Prozentsatz von einem 400 mm Durchmesser, $h = 400$ mm,

$$h = \frac{100 \cdot 130}{400} = 32,5\,\% \text{ und}$$

Q_1 = bei Vollfüllung auf Seite 10, 400 mm Durchmesser = 1886 l/s.

In Tafel 11 beträgt Q_1 bei 32,5% $h = 22,5\%$ und somit

$$Q_1 = 1886 \cdot 0,225 = 424 \text{ l/s, mithin}$$
$$Q = 424 \cdot 0,0674 = 28,6 \text{ l/s}.$$

11. Beispiel.

Aufgabe: Ein Mischwasserkanal, gedrückter Eiquerschnitt von 1200/1200 mm Lichtweite (Tabelle 4 und Tafel 15) und einem Gefälle 1 : 1200 (0,83⁰/₀₀) hat bei Trockenwetter eine Schmutzwassermenge von 120 l/s abzuführen und soll bei vierfacher Verdünnung dieser Schmutzwassermenge durch einen Notauslaß entlastet werden.
Wie hoch ist in der Notauslaßkammer die Überfallkrone über der Kanalsohle des gedrückten Eiquerschnittes von 1200/1200 mm Lichtweite anzulegen?

Auflösung: Bei einer vierfachen Verdünnung des Trockenwetterabflusses beträgt

$$Q = 4 \cdot 120 = 480 \text{ l/s}, \quad \text{somit } Q_1 = \frac{Q}{\sqrt{J}}.$$

$\sqrt{J}$ beträgt nach Seite 51, unter 1 : 1200 = 0,0288, somit

$$Q_1 = \frac{480}{0,0288} = 16667 \text{ l/s oder } 16,667 \text{ m}^3/\text{s}.$$

In Prozenten berechnet beträgt die Teilabflußmenge $Q_1 = 16\,667$ l/s von der Gesamtabflußmenge bei Vollfüllung $Q_1 = 36\,362$ l/s

$$= \frac{100 \cdot 16\,667}{36\,362} = 45{,}83\,\% \; .$$

Nach Tafel 15 wird bei einem Q_1 von 45,83% eine Höhe $h = 52\%$ gefunden.

Die Überfallkrone ist somit $= 1200 \cdot 0{,}52 = 624$ mm oder 62,4 cm über der Kanalsohle anzulegen.

12. Beispiel.

Aufgabe: In einen Sammelkanal, überhöhter Eiquerschnitt von 800/1400 mm Lichtweite, einem Gefälle von $1:1500$ ($0{,}67^0/_{00}$) und einem mittleren Schmutzwasserabfluß von 110 l/s bei Trockenwetter, mündet ein Seitenkanal, Kreisquerschnitt, von 350 mm Lichtweite ein, dessen Gefälle $1:200$ ($5{,}0^0/_{00}$) und dessen Trockenwetterabfluß 22 l/s beträgt.

Wie hoch muß die Sohle des einmündenden Seitenkanals über die Sohle des Sammelkanals gelegt werden, damit ein Wasserspiegelausgleich stattfindet?

Auflösung: Feststellung der Schmutzwasserdurchflußhöhe in dem Sammelkanal von 800/1400 mm Lichtweite.

$$Q_1 = \frac{Q}{\sqrt{J}} = \frac{110}{0{,}0258} = 4264 \text{ l/s} \quad \text{oder} \quad 4{,}264 \text{ m}^3/\text{s}.$$

In Prozenten berechnet beträgt der mittlere Schmutzwasserabfluß $Q_1 = 4264$ l/s von der Gesamtabflußmenge bei Vollfüllung

$$Q_1 = 25714 \text{ l/s} = \frac{100 \cdot 4264}{25714} = 16{,}58\,\% \; .$$

In Tafel 12 wird bei einem Q_1 von 16,58% eine Höhe $h = 29\%$ gefunden.

Die Schmutzwasserhöhe im überhöhten Eiquerschnitt beträgt somit

$$= 1400 \cdot 0{,}29 = 406 \text{ mm} \quad \text{oder} \quad 40{,}6 \text{ cm}.$$

Feststellung der Schmutzwasserhöhe in dem Rohrkanal von 350 mm Lichtweite.

$$Q_1 = \frac{Q}{\sqrt{J}} = \frac{22}{0{,}0707} = 311 \text{ l/s} \quad \text{oder} \quad 0{,}311 \text{ m}^3/\text{s} \; .$$

In Prozenten berechnet beträgt der mittlere Schmutzwasserabfluß $Q_1 = 311$ l/s von der Gesamtabflußmenge bei Vollfüllung $Q_1 = 1304$ l/s

$$= \frac{100 \cdot 311}{1304} = 23{,}85\,\% \; .$$

In Tafel 11 wird bei einem Q_1 von 23,85% eine Höhe $h = 33\%$ gefunden.

Die Schmutzwasserhöhe im Rohrkanal beträgt somit

$$= 350 \cdot 0{,}33 = 115{,}5 \text{ mm} \quad \text{oder} \quad 11{,}6 \text{ cm}.$$

Die Sohle des Rohrkanals ist also $40{,}6 - 11{,}6 = 29$ cm über die Sohle des Sammelkanals zu legen.

Tafel der genormten Querschnittsformen.

Nr. 1.
Kreisquerschnitt.

Nr. 2.
Überhöhter Eiquerschnitt.

Nr. 3.
Normaler Eiquerschnitt.

Nr. 4.
Breiter Eiquerschnitt.

Nr. 5.
Gedrückter Eiquerschnitt.

Nr. 6.
Normaler Maulquerschnitt.

Nr. 7.
Gedrückter Maulquerschnitt.

Nr. 8.
Überhöhter Maulquerschnitt.

Nr. 9.
Rinnenquerschnitt
mit einseitigem Auftritt.

Nr. 10.
Rinnenquerschnitt
mit beiderseitigem Auftritt.

Zahlentabellen.

Lichter Querschnitt		Lichter Querschnitt		Hydraul. Radius $R=\dfrac{\text{Fläche}}{\text{Umfang}}$ in m	$Q_1 = F \cdot \dfrac{a \cdot R}{b+\sqrt{R}}$ in l/s $v_1 = \dfrac{a \cdot R}{b+\sqrt{R}}$ in m/s	1 : 7 143 °/₀₀ $J=0{,}143$ $\sqrt{J}=0{,}378$	1 : 8 125 °/₀₀ 0,125 0,354	1 : 9 111 °/₀₀ 0,111 0,333	1 : 10 100 °/₀₀ 0,100 0,316	1 : 11 91 °/₀₀ 0,091 0,302
Durchmesser in mm	Q in l/s v in m/s	Fläche F in m²	Umfang U in m							
50	Q v	0,0020	0,1571	0,0125	5,31 2,7	2,01 1,02	1,88 0,96	1,77 0,90	1,68 0,85	1,60 0,82
80	Q v	0,0050	0,2513	0,0200	20,46 4,1	7,73 1,55	7,24 1,45	6,81 1,37	6,47 1,30	6,18 1,24
100	Q v	0,0079	0,3142	0,0250	38,6 4,9	14,59 1,85	13,66 1,73	12,85 1,63	12,20 1,55	11,66 1,48
120	Q v	0,0123	0,3927	0,0313	72,8 5,9	27,52 2,23	25,77 2,09	24,24 1,96	23,00 1,86	21,99 1,78
150	Q v	0,0177	0,4712	0,0375	122 6,9	46,1 2,61	43,2 2,44	40,6 2,30	38,6 2,18	36,8 2,08
200	Q v	0,0314	0,6283	0,0500	274 8,7	103,6 3,29	97,0 3,08	91,2 2,90	86,6 2,75	82,7 2,63
250	Q v	0,0491	0,7855	0,0625	511 10,4	193,2 3,93	180,9 3,68	170,2 3,46	161,5 3,29	154,3 3,14
300	Q v	0,0707	0,9425	0,0750	850 12,0	321,3 4,54	300,9 4,25	283,1 4,00	268,6 3,79	256,7 3,62
350	Q v	0,0962	1,0996	0,0875	1304 13,5	492,9 5,10	461,6 4,78	434,2 4,50	412,1 4,27	393,8 4,08
400	Q v	0,1257	1,2566	0,1000	1886 15,0	712,9 5,67	667,6 5,31	628,0 5,00	596,0 4,74	569,6 4,53
450	Q v	0,1590	1,4137	0,1125	2610 16,4	986,6 6,20	923,9 5,81	869,1 5,46	824,8 5,18	788,2 4,95
500	Q v	0,1963	1,5708	0,1250	3489 17,8	1319 6,73	1235 6,30	1162 5,93	1103 5,62	1054 5,38
600	Q v	0,2827	1,8850	0,1500	5752 20,3	2174 7,67	2036 7,19	1915 6,76	1818 6,41	1737 6,13
700	Q v	0,3848	2,1991	0,1750	8765 22,8	3313 8,62	3103 8,07	2919 7,59	2770 7,20	2647 6,89
800	Q v	0,5027	2,5133	0,2000	12610 25,1	4767 9,49	4464 8,89	4199 8,36	3985 7,93	3808 7,58
900	Q v	0,6362	2,8274	0,2250	17364 27,3	6564 10,32	6147 9,66	5782 9,09	5487 8,63	5244 8,24
1000	Q v	0,7854	3,1416	0,2500	23100 29,4	8732 11,11	8177 10,41	7692 9,79	7300 9,29	6976 8,88
1200	Q v	1,1310	3,7699	0,3000	37795 33,4	14287 12,63	13379 11,82	12586 11,12	11943 10,55	11414 10,09
1400	Q v	1,5394	4,3982	0,3500	57158 37,1	21606 14,02	20234 13,13	19034 12,35	18062 11,72	17262 11,20
1600	Q v	2,0106	5,0265	0,4000	81860 40,7	30943 15,38	28978 14,41	27259 13,55	25868 12,86	24722 12,29
2000	Q v	3,1416	6,2832	0,5000	148594 47,3	56169 17,88	52602 16,74	49482 15,75	46956 14,95	44875 14,28
3000	Q v	7,0686	9,4248	0,7500	435967 61,7	164796 23,32	154332 21,84	145177 20,55	137766 19,50	131662 18,63
Gefälle						1 : 7 143 °/₀₀	1 : 8 125 °/₀₀	1 : 9 111 °/₀₀	1 : 10 100 °/₀₀	1 : 11 91 °/₀₀

querschnitte.

1 : 12	1 : 13	1 : 14	1 : 15	1 : 16	1 : 17	1 : 18	1 : 19	1 : 20	Lichter Querschnitt	
83 °/00	77 °/00	71 °/00	67 °/00	62,5 °/00	59 °/00	55,6 °/00	52,6 °/00	50 °/00	Q in l/s	
0,083	0,077	0,071	0,067	0,0625	0,059	0,0556	0,0526	0,050	v in m/s	Durchmesser in mm
0,288	0,278	0,267	0,258	0,250	0,243	0,236	0,229	0,224		
1,53	1,48	1,42	1,37	1,33	1,29	1,25	1,22	1,19	Q	50
0,78	0,75	0,72	0,70	0,68	0,66	0,64	0,62	0,60	v	
5,89	5,69	5,65	5,28	5,12	4,97	4,83	4,69	4,58	Q	80
1,18	1,14	1,09	1,06	1,03	1,00	0,97	0,94	0,92	v	
11,12	10,73	10,31	9,96	9,65	9,38	9,11	8,84	8,65	Q	100
1,41	1,36	1,31	1,26	1,23	1,19	1,16	1,12	1,10	v	
20,97	20,24	19,44	18,78	18,20	17,69	17,18	16,67	16,31	Q	125
1,70	1,64	1,58	1,52	1,48	1,43	1,39	1,35	1,32	v	
35,1	33,9	32,6	31,5	30,5	29,6	28,8	27,9	27,3	Q	150
1,99	1,92	1,84	1,78	1,73	1,68	1,63	1,58	1,55	v	
78,9	76,2	73,2	70,7	68,5	66,6	64,7	62,7	61,4	Q	200
2,51	2,42	2,32	2,24	2,18	2,11	2,05	1,99	1,95	v	
147,2	142,1	136,4	131,8	127,8	124,2	120,6	117,0	114,5	Q	250
3,00	2,89	2,78	2,68	2,60	2,53	2,45	2,38	2,33	v	
244,8	236,3	227,0	219,3	212,5	206,6	200,6	194,7	190,4	Q	300
3,46	3,34	3,20	3,10	3,00	2,92	2,83	2,75	2,69	v	
375,6	362,5	348,2	336,4	326,0	316,9	307,7	298,6	292,1	Q	350
3,89	3,75	3,60	3,48	3,38	3,28	3,19	3,09	3,02	v	
543,2	524,3	503,6	486,6	471,5	458,3	445,1	431,9	422,5	Q	400
4,32	4,17	4,01	3,87	3,75	3,65	3,54	3,44	3,36	v	
751,7	725,6	696,9	673,4	652,5	634,2	616,0	597,7	584,6	Q	450
4,72	4,56	4,38	4,23	4,10	3,99	3,87	3,76	3,67	v	
1005	969,9	931,6	900,2	872,3	847,8	823,4	799,0	781,5	Q	500
5,13	4,95	4,75	4,59	4,45	4,33	4,20	4,08	3,99	v	
1657	1599	1536	1484	1438	1398	1357	1317	1288	Q	600
5,85	5,64	5,42	5,24	5,08	4,93	4,79	4,65	4,55	v	
2524	2437	2340	2261	2191	2130	2069	2007	1963	Q	700
6,57	6,34	6,09	5,88	5,70	5,54	5,38	5,22	5,11	v	
3632	3506	3367	3253	3153	3064	2976	2888	2825	Q	800
7,23	6,98	6,70	6,48	6,28	6,10	5,92	5,75	5,62	v	
5001	4827	4636	4480	4341	4219	4098	3976	3890	Q	900
7,86	7,59	7,29	7,04	6,83	6,63	6,44	6,25	6,12	v	
6653	6422	6168	5960	5775	5613	5452	5290	5174	Q	1000
8,47	8,17	7,85	7,59	7,35	7,14	6,94	6,73	6,59	v	
10885	10507	10091	9751	9449	9184	8920	8655	8466	Q	1200
9,62	9,29	8,92	8,62	8,35	8,12	7,88	7,65	7,48	v	
16462	15890	15261	14747	14290	13890	13489	13090	12803	Q	1400
10,68	10,31	9,91	9,57	9,28	9,02	8,76	8,50	8,31	v	
23576	22757	21857	21120	20465	19892	19319	18746	18337	Q	1600
11,72	11,31	10,87	10,50	10,18	9,89	9,61	9,32	9,12	v	
42795	41309	39675	38337	37149	36108	35068	34028	33285	Q	2000
13,62	13,15	12,63	12,20	11,83	11,49	11,16	10,83	10,60	v	
125558	121199	116403	112479	108992	105940	102888	99836	97657	Q	3000
17,77	17,15	16,47	15,92	15,43	15,00	14,56	14,13	13,82	v	
1 : 12	1 : 13	1 : 14	1 : 15	1 : 16	1 : 17	1 : 18	1 : 19	1 : 20	Gefälle	
83 °/00	77 °/00	71 °/00	67 °/00	62,5 °/00	59 °/00	55,6 °/00	52,6 °/00	50 °/00		

Kreis-

Lichter Querschnitt Durchmesser in mm		1 : 21	1 : 22	1 : 23	1 : 24	1 : 25	1 : 26	1 : 27	1 : 28	1 : 29
	Q in l/s	$47,6^0/_{00}$	$45,5^0/_{00}$	$43,5^0/_{00}$	$41,7^0/_{00}$	$40^0/_{00}$	$38,5^0/_{00}$	$37^0/_{00}$	$35,7^0/_{00}$	$34,5^0/_{00}$
		0,0476	0,0455	0,0435	0,0417	0,0400	0,0385	0,0370	0,0357	0,0345
	v in m/s	0,218	0,213	0,209	0,204	0,200	0,196	0,192	0,189	0,186
50	Q	1,16	1,13	1,11	1,08	1,06	1,04	1,02	1,00	0,99
	v	0,59	0,58	0,56	0,55	0,54	0,53	0,52	0,51	0,50
80	Q	4,46	4,36	4,28	4,17	4,09	4,01	3,93	3,87	3,81
	v	0,89	0,87	0,86	0,84	0,82	0,80	0,79	0,77	0,76
100	Q	8,41	8,22	8,07	7,87	7,72	7,57	7,41	7,30	7,18
	v	1,07	1,04	1,02	1,00	0,98	0,96	0,94	0,93	0,91
125	Q	15,87	15,51	15,22	14,85	14,56	14,27	13,98	13,76	13,54
	v	1,29	1,26	1,23	1,20	1,18	1,16	1,13	1,12	1,10
150	Q	26,6	26,0	25,5	24,9	24,4	23,9	23,4	23,1	22,7
	v	1,50	1,47	1,44	1,41	1,38	1,35	1,32	1,30	1,28
200	Q	59,7	58,4	57,3	55,9	54,8	53,7	52,6	51,8	51,0
	v	1,90	1,85	1,82	1,77	1,74	1,71	1,67	1,64	1,62
250	Q	111,4	108,8	106,8	104,2	102,2	100,2	98,1	96,6	95,0
	v	2,27	2,22	2,17	2,12	2,08	2,04	2,00	1,97	1,93
300	Q	185,3	181,1	177,7	173,4	170,0	166,6	163,0	160,5	157,9
	v	2,62	2,56	2,51	2,45	2,40	2,35	2,30	2,27	2,23
350	Q	284,3	277,8	272,5	266,0	260,8	255,6	250,4	246,5	242,5
	v	2,94	2,88	2,82	2,75	2,70	2,65	2,61	2,57	2,53
400	Q	411,1	401,7	394,2	384,7	377,2	369,7	362,1	356,5	350,8
	v	3,27	3,20	3,14	3,06	3,00	2,94	2,88	2,84	2,79
450	Q	569,0	555,9	545,5	532,4	522,0	511,6	501,1	493,3	485,5
	v	3,58	3,49	3,43	3,35	3,28	3,21	3,15	3,10	3,05
500	Q	760,6	743,2	729,2	711,8	697,8	683,8	669,9	659,4	649,0
	v	3,88	3,79	3,72	3,63	3,56	3,49	3,42	3,36	3,31
600	Q	1254	1225	1202	1173	1150	1127	1104	1087	1070
	v	4,43	4,32	4,24	4,14	4,06	3,98	3,90	3,84	3,78
700	Q	1911	1867	1832	1788	1753	1718	1683	1657	1630
	v	4,97	4,86	4,77	4,65	4,56	4,47	4,38	4,31	4,24
800	Q	2749	2686	2635	2572	2522	2472	2421	2383	2345
	v	5,47	5,35	5,25	5,12	5,02	4,92	4,82	4,74	4,67
900	Q	3785	3699	3629	3542	3473	3403	3334	3282	3230
	v	5,95	5,81	5,71	5,57	5,46	5,35	5,24	5,16	5,08
1000	Q	5036	4920	4828	4712	4620	4528	4435	4366	4297
	v	6,41	6,26	6,14	6,00	5,88	5,76	5,64	5,56	5,47
1200	Q	8239	8050	7899	7710	7559	7408	7257	7143	7030
	v	7,28	7,11	6,98	6,81	6,68	6,55	6,41	6,31	6,21
1400	Q	12460	12175	11946	11660	11432	11203	10974	10803	10631
	v	8,09	7,90	7,75	7,57	7,42	7,27	7,12	7,01	6,91
1600	Q	17845	17436	17109	16699	16372	16045	15717	15472	15226
	v	8,87	8,67	8,51	8,31	8,14	7,98	7,81	7,69	7,57
2000	Q	32393	31651	31056	30313	29719	29124	28530	28084	27638
	v	10,31	10,07	9,89	9,65	9,46	9,27	9,08	8,94	8,80
3000	Q	95041	92861	91117	88937	87193	85450	83706	82398	81090
	v	13,45	13,14	12,90	12,59	12,34	12,09	11,85	11,66	11,48
Gefälle		1 : 21	1 : 22	1 : 23	1 : 24	1 : 25	1 : 26	1 : 27	1 : 28	1 : 29
		$47,6^0/_{00}$	$45,5^0/_{00}$	$43,5^0/_{00}$	$41,7^0/_{00}$	$40^0/_{00}$	$38,5^0/_{00}$	$37^0/_{00}$	$35,7^0/_{00}$	$34,5^0/_{00}$

querschnitte.

1:30	1:31	1:32	1:33	1:34	1:35	1:36	1:37	1:38	Lichter Querschnitt Q in l/s v in m/s	Durchmesser in mm
$33,3^0/_{00}$	$32,3^0/_{00}$	$31,3^0/_{00}$	$30,3^0/_{00}$	$29,4^0/_{00}$	$28,6^0/_{00}$	$27,8^0/_{00}$	$27^0/_{00}$	$26,3^0/_{00}$		
0,0333	0,0323	0,0313	0,0303	0,0294	0,0286	0,0278	0,0270	0,0263		
0,183	0,180	0,177	0,174	0,172	0,169	0,167	0,164	0,162		
0,97	0,96	0,94	0,92	0,91	0,90	0,89	0,87	0,86	Q	50
0,49	0,49	0,48	0,47	0,46	0,46	0,45	0,44	0,44	v	
3,74	3,68	3,62	3,56	3,52	3,46	3,42	3,36	3,31	Q	80
0,75	0,74	0,73	0,71	0,71	0,69	0,68	0,67	0,66	v	
7,06	6,95	6,83	6,72	6,64	6,52	6,45	6,33	6,25	Q	100
0,90	0,88	0,87	0,85	0,84	0,83	0,82	0,80	0,79	v	
13,32	13,10	12,89	12,67	12,52	12,30	12,16	11,94	11,79	Q	125
1,08	1,06	1,04	1,03	1,01	1,00	0,98	0,97	0,96	v	
22,3	22,0	21,6	21,2	21,0	20,6	20,4	20,0	19,8	Q	150
1,26	1,24	1,22	1,20	1,19	1,17	1,15	1,13	1,12	v	
50,1	49,3	48,5	47,7	47,1	46,3	45,8	44,9	44,4	Q	200
1,59	1,57	1,54	1,51	1,50	1,47	1,45	1,43	1,41	v	
93,5	92,0	90,4	88,9	87,9	86,4	85,3	83,8	82,8	Q	250
1,90	1,87	1,84	1,81	1,78	1,76	1,74	1,71	1,68	v	
155,4	152,8	150,3	147,7	146,0	143,5	141,8	139,2	137,5	Q	300
2,20	2,16	2,12	2,09	2,06	2,03	2,00	1,97	1,94	v	
238,6	234,7	230,8	226,9	224,3	220,4	217,8	213,9	211,2	Q	350
2,49	2,45	2,41	2,37	2,34	2,30	2,27	2,23	2,20	v	
345,1	339,5	333,8	328,2	324,4	318,7	315,0	309,3	305,5	Q	400
2,75	2,70	2,66	2,61	2,58	2,54	2,51	2,46	2,43	v	
477,6	469,8	462,0	454,1	448,9	441,1	435,9	428,0	422,8	Q	450
3,00	2,95	2,90	2,85	2,82	2,77	2,74	2,69	2,66	v	
638,5	628,0	617,6	607,1	600,1	589,6	582,7	572,2	565,2	Q	500
3,26	3,20	3,15	3,10	3,06	3,01	2,97	2,92	2,88	v	
1052	1035	1018	1001	989,2	971,9	960,4	943,2	931,7	Q	600
3,71	3,65	3,59	3,53	3,49	3,43	3,39	3,33	3,29	v	
1604	1578	1551	1525	1508	1481	1455	1437	1420	Q	700
4,17	4,10	4,04	3,97	3,92	3,85	3,81	3,74	3,69	v	
2308	2270	2232	2194	2169	2131	2106	2068	2043	Q	800
4,59	4,52	4,44	4,37	4,32	4,24	4,19	4,12	4,07	v	
3178	3126	3073	3021	2987	2935	2900	2848	2813	Q	900
5,00	4,91	4,83	4,75	4,70	4,61	4,56	4,48	4,42	v	
4227	4158	4089	4019	3973	3904	3858	3788	3742	Q	1000
5,38	5,29	5,20	5,12	5,06	4,97	4,91	4,82	4,76	v	
6916	6803	6690	6576	6501	6387	6312	6198	6123	Q	1200
6,11	6,01	5,91	5,81	5,74	5,64	5,58	5,48	5,41	v	
10460	10288	10117	9945	9831	9660	9545	9374	9260	Q	1400
6,79	6,68	6,57	6,46	6,38	6,27	6,20	6,08	6,01	v	
14980	14735	14489	14244	14080	13834	13671	13425	13261	Q	1600
7,45	7,33	7,20	7,08	7,00	6,88	6,80	6,67	6,59	v	
27193	26747	26301	25855	25558	25112	24815	24369	24072	Q	2000
8,66	8,51	8,37	8,23	8,14	7,99	7,90	7,76	7,66	v	
79782	78474	77166	75858	74986	73678	72806	71499	70627	Q	3000
11,29	11,11	10,92	10,74	10,61	10,43	10,30	10,12	10,00	v	
1:30	1:31	1:32	1:33	1:34	1:35	1:36	1:37	1:38		Gefälle
$33,3^0/_{00}$	$32,3^0/_{00}$	$31,3^0/_{00}$	$30,3^0/_{00}$	$29,4^0/_{00}$	$28,6^0/_{00}$	$27,8^0/_{00}$	$27^0/_{00}$	$26,3^0/_{00}$		

Kreis-

Lichter Querschnitt		1 : 39	1 : 40	1 : 41	1 : 42	1 : 43	1 : 44	1 : 45	1 : 46	1 : 47
Durch-messer in mm	Q in l/s	$25{,}6^0/_{00}$	$25^0/_{00}$	$24{,}4^0/_{00}$	$23{,}8^0/_{00}$	$23{,}3^0/_{00}$	$22{,}7^0/_{00}$	$22{,}2^0/_{00}$	$21{,}7^0/_{00}$	$21{,}3^0/_{00}$
		0,0256	0,0250	0,0244	0,0238	0,0233	0,0227	0,0222	0,0217	0,0213
	v in m/s	0,160	0,158	0,156	0,154	0,153	0,151	0,149	0,147	0,146
50	Q	0,85	0,84	0,83	0,82	0,81	0,80	0,79	0,78	0,78
	v	0,43	0,43	0,42	0,42	0,41	0,41	0,40	0,40	0,39
80	Q	3,27	3,23	3,19	3,15	3,13	3,09	3,05	3,01	2,99
	v	0,66	0,65	0,64	0,63	0,63	0,62	0,61	0,60	0,60
100	Q	6,18	6,10	6,02	5,94	5,91	5,83	5,75	5,67	5,64
	v	0,78	0,77	0,76	0,75	0,75	0,74	0,73	0,72	0,72
125	Q	11,65	11,50	11,36	12,11	11,14	10,99	10,85	10,70	10,63
	v	0,94	0,93	0,92	0,91	0,90	0,89	0,88	0,87	0,86
150	Q	19,5	19,3	19,0	18,8	18,7	18,4	18,2	17,9	17,8
	v	1,10	1,09	1,08	1,06	1,06	1,04	1,03	1,01	1,01
200	Q	43,8	43,3	42,7	42,2	41,9	41,4	40,8	40,3	40,0
	v	1,39	1,37	1,36	1,34	1,33	1,31	1,30	1,28	1,27
250	Q	81,8	80,7	79,7	78,7	78,2	77,2	76,1	75,1	74,6
	v	1,66	1,64	1,62	1,60	1,59	1,57	1,55	1,53	1,52
300	Q	135,8	134,1	132,4	130,7	129,9	128,2	126,5	124,8	124,0
	v	1,92	1,90	1,87	1,85	1,84	1,81	1,79	1,76	1,75
350	Q	208,6	206,0	203,4	200,8	199,5	196,9	194,3	191,7	190,4
	v	2,18	2,15	2,12	2,09	2,08	2,05	2,03	2,00	1,99
400	Q	301,8	298,8	294,2	290,4	288,6	284,8	281,0	277,2	275,4
	v	2,40	2,37	2,34	2,31	2,30	2,27	2,24	2,21	2,19
450	Q	417,6	412,4	407,2	401,9	399,3	394,1	388,9	383,7	381,1
	v	2,62	2,59	2,56	2,53	2,51	2,48	2,44	2,41	2,39
500	Q	558,2	551,3	544,3	537,3	533,8	526,8	519,9	512,9	509,4
	v	2,85	2,81	2,78	2,74	2,72	2,69	2,65	2,62	2,60
600	Q	920,2	908,7	897,2	885,7	879,9	868,4	856,9	845,4	839,6
	v	3,25	3,21	3,17	3,13	3,11	3,07	3,02	2,98	2,96
700	Q	1402	1385	1367	1350	1341	1324	1306	1288	1280
	v	3,65	3,60	3,57	3,51	3,49	3,44	3,40	3,35	3,33
800	Q	2018	1992	1967	1942	1929	1904	1879	1854	1841
	v	4,02	3,97	3,92	3,87	3,84	3,79	3,74	3,69	3,66
900	Q	2778	2744	2709	2674	2657	2622	2587	2553	2535
	v	4,37	4,31	4,26	4,20	4,18	4,12	4,07	4,01	3,99
1000	Q	3696	3650	3604	3557	3534	3488	3442	3396	3373
	v	4,70	4,65	4,59	4,53	4,50	4,44	4,38	4,32	4,29
1200	Q	6047	5972	5896	5820	5783	5707	5631	5556	5518
	v	5,34	5,28	5,21	5,14	5,11	5,04	4,98	4,91	4,88
1400	Q	9145	9031	8917	8802	8745	8631	8517	8402	8345
	v	5,94	5,86	5,79	5,71	5,68	5,60	5,52	5,45	5,42
1600	Q	13098	12934	12770	12606	12525	12361	12197	12033	11952
	v	6,51	6,43	6,35	6,27	6,23	6,15	6,06	5,98	5,94
2000	Q	23775	23478	23181	22883	22735	22438	22141	21843	21695
	v	7,57	7,47	7,38	7,28	7,24	7,14	7,05	6,95	6,91
3000	Q	69755	68883	68011	67139	66703	65831	64959	64087	63651
	v	9,87	9,75	9,63	9,50	9,44	9,32	9,19	9,07	9,01
Gefälle		1 : 39	1 : 40	1 : 41	1 : 42	1 : 43	1 : 44	1 : 45	1 : 46	1 : 47
		$25{,}6^0/_{00}$	$25^0/_{00}$	$24{,}4^0/_{00}$	$23{,}8^0/_{00}$	$23{,}3^0/_{00}$	$22{,}7^0/_{00}$	$22{,}2^0/_{00}$	$21{,}7^0/_{00}$	$21{,}3^0/_{00}$

querschnitte.

1:48	1:49	1:50	1:55	1:60	1:65	1:70	1:75	1:80		Lichter Querschnitt
$20{,}8^0/_{00}$	$20{,}4^0/_{00}$	$20^0/_{00}$	$18{,}2^0/_{00}$	$16{,}7^0/_{00}$	$15{,}4^0/_{00}$	$14{,}3^0/_{00}$	$13{,}3^0/_{00}$	$12{,}5^0/_{00}$	Q in l/s	
0,0208	0,0204	0,0200	0,0182	0,0167	0,0154	0,0143	0,0133	0,0125		Durchmesser in mm
0,144	0,143	0,141	0,1349	0,1292	0,1241	0,1196	0,1153	0,1118	v in m/s	
0,76	0,76	0,75	0,72	0,69	0,66	0,64	0,61	0,59	Q	50
0,39	0,39	0,38	0,36	0,35	0,34	0,32	0,31	0,30	v	
2,95	2,93	2,88	2,76	2,64	2,54	2,45	2,36	2,29	Q	80
0,59	0,58	0,58	0,55	0,53	0,51	0,49	0,47	0,46	v	
5,56	5,52	5,44	5,21	4,99	4,79	4,62	4,45	4,32	Q	100
0,71	0,70	0,69	0,66	0,63	0,61	0,59	0,56	0,55	v	
10,48	10,41	10,26	9,82	9,41	9,03	8,71	8,39	8,14	Q	125
0,85	0,84	0,83	0,80	0,76	0,73	0,71	0,68	0,66	v	
17,6	17,4	17,2	16,5	15,8	15,1	14,6	14,1	13,6	Q	150
0,99	0,99	0,97	0,93	0,89	0,86	0,83	0,80	0,77	v	
39,5	39,2	38,6	37,0	35,4	34,0	32,8	31,6	30,6	Q	200
1,25	1,24	1,23	1,17	1,12	1,08	1,04	1,00	0,97	v	
73,6	73,1	72,1	68,9	66,0	63,4	61,1	58,9	57,1	Q	250
1,50	1,49	1,47	1,40	1,34	1,29	1,24	1,20	1,16	v	
122,3	121,4	119,7	114,5	109,7	105,4	101,5	97,9	94,9	Q	300
1,73	1,72	1,69	1,62	1,55	1,49	1,44	1,38	1,34	v	
187,8	186,5	183,9	175,9	168,5	161,8	156,0	150,4	145,8	Q	350
1,96	1,94	1,92	1,83	1,76	1,69	1,63	1,57	1,52	v	
271,6	269,7	265,9	254,4	243,7	234,1	225,6	217,5	210,9	Q	400
2,16	2,15	2,12	2,02	1,94	1,86	1,79	1,73	1,68	v	
375,8	373,2	368,0	352,1	337,2	323,9	312,2	300,9	291,8	Q	450
2,36	2,35	2,31	2,21	2,12	2,04	1,96	1,89	1,83	v	
502,4	498,9	491,9	470,7	450,8	433,0	417,3	402,3	390,1	Q	500
2,56	2,55	2,51	2,40	2,30	2,21	2,13	2,05	1,99	v	
828,1	822,4	810,9	775,8	743,0	713,7	687,8	663,1	643,0	Q	600
2,92	2,90	2,86	2,74	2,62	2,52	2,43	2,34	2,27	v	
1262	1254	1236	1182	1132	1088	1048	1011	979,9	Q	700
3,28	3,26	3,21	3,08	2,95	2,83	2,73	2,63	2,55	v	
1816	1803	1778	1701	1629	1565	1508	1454	1410	Q	800
3,61	3,59	3,54	3,39	3,24	3,11	3,00	2,89	2,81	v	
2500	2483	2448	2342	2243	2155	2077	2002	1941	Q	900
3,93	3,90	3,85	3,68	3,53	3,39	3,27	3,15	3,05	v	
3326	3303	3257	3116	2985	2867	2763	2663	2583	Q	1000
4,23	4,20	4,15	3,97	3,80	3,65	3,52	3,39	3,29	v	
5442	5405	5329	5099	4883	4690	4520	4358	4225	Q	1200
4,81	4,78	4,71	4,51	4,32	4,14	3,99	3,85	3,73	v	
8231	8174	8059	7711	7385	7093	6836	6590	6390	Q	1400
5,34	5,31	5,23	5,00	4,79	4,60	4,44	4,28	4,14	v	
11788	11706	11542	11043	10576	10159	9790	9438	9152	Q	1600
5,90	5,82	5,74	5,49	5,26	5,05	4,87	4,69	4,55	v	
21398	21249	20952	20045	19198	18441	17772	17133	16613	Q	2000
6,81	6,76	6,67	6,38	6,11	5,87	5,66	5,45	5,29	v	
62780	62343	61471	58812	56327	54104	52142	50267	48741	Q	3000
8,88	8,82	8,70	8,32	7,97	7,66	7,38	7,11	6,90	v	
1:48	1:49	1:50	1:55	1:60	1:65	1:70	1:75	1:80		Gefälle
$20{,}8^0/_{00}$	$20{,}4^0/_{00}$	$20^0/_{00}$	$18{,}2^0/_{00}$	$16{,}7^0/_{00}$	$15{,}4^0/_{00}$	$14{,}3^0/_{00}$	$13{,}3^0/_{00}$	$12{,}5^0/_{00}$		

Kreis-

Lichter Querschnitt		1 : 85	1 : 90	1 : 95	1 : 100	1 : 105	1 : 110	1 : 115	1 : 120	1 : 125
Durch-messer in mm	Q in l/s	$11{,}8^0/_{00}$	$11{,}1^0/_{00}$	$10{,}5^0/_{00}$	$10{,}0^0/_{00}$	$9{,}5^0/_{00}$	$9{,}1^0/_{00}$	$8{,}7^0/_{00}$	$8{,}3^0/_{00}$	$8{,}0^0/_{00}$
		0,0118	0,0111	0,0105	0,0100	0,0095	0,0091	0,0087	0,0083	0,0080
	v in m/s	0,1086	0,1054	0,1025	0,1000	0,0975	0,0954	0,0933	0,0911	0,0894
50	Q	0,58	0,56	0,54	0,53	0,52	0,51	0,50	0,48	0,47
	v	0,29	0,28	0,28	0,27	0,26	0,26	0,25	0,25	0,24
80	Q	2,22	2,16	2,10	2,05	1,99	1,95	1,91	1,86	1,83
	v	0,45	0,43	0,42	0,41	0,40	0,39	0,38	0,37	0,37
100	Q	4,19	4,07	3,96	3,86	3,76	3,68	3,60	3,52	3,45
	v	0,53	0,52	0,50	0,49	0,48	0,47	0,46	0,45	0,44
125	Q	7,91	7,67	7,46	7,28	7,10	6,95	6,79	6,63	6,51
	v	0,64	0,62	0,60	0,59	0,58	0,56	0,55	0,54	0,53
150	Q	13,2	12,9	12,5	12,2	11,9	11,6	11,4	11,1	10,9
	v	0,75	0,73	0,71	0,69	0,67	0,66	0,64	0,63	0,62
200	Q	29,8	28,9	28,1	27,4	26,7	26,1	25,6	25,0	24,5
	v	0,94	0,92	0,89	0,87	0,85	0,83	0,81	0,79	0,78
250	Q	55,5	53,9	52,4	51,1	49,8	48,7	47,7	46,6	45,7
	v	1,13	1,10	1,07	1,04	1,01	0,99	0,97	0,95	0,93
300	Q	92,2	89,5	87,0	84,9	82,8	81,0	79,2	77,3	75,9
	v	1,30	1,26	1,23	1,20	1,17	1,14	1,12	1,09	1,07
350	Q	141,6	137,4	133,7	130,4	127,1	124,4	121,7	118,8	116,6
	v	1,48	1,43	1,39	1,36	1,33	1,30	1,27	1,24	1,22
400	Q	204,8	198,8	193,3	188,6	183,9	179,9	176,0	171,8	168,6
	v	1,63	1,58	1,54	1,50	1,46	1,43	1,40	1,37	1,34
450	Q	283,4	275,1	267,5	261,0	254,5	249,0	243,5	237,8	233,3
	v	1,78	1,73	1,68	1,64	1,60	1,56	1,53	1,49	1,47
500	Q	378,9	367,7	357,6	348,9	340,2	332,9	325,5	317,8	311,9
	v	1,93	1,88	1,82	1,78	1,74	1,70	1,66	1,62	1,59
600	Q	624,6	606,2	589,5	575,1	560,7	548,6	536,6	523,9	514,1
	v	2,20	2,14	2,08	2,03	1,98	1,94	1,89	1,85	1,81
700	Q	951,9	923,8	898,4	876,5	854,6	836,2	817,8	798,5	783,6
	v	2,48	2,40	2,34	2,28	2,22	2,18	2,13	2,08	2,04
800	Q	1369	1329	1293	1261	1229	1203	1177	1149	1127
	v	2,73	2,65	2,57	2,51	2,45	2,39	2,34	2,29	2,24
900	Q	1886	1830	1780	1736	1693	1657	1620	1582	1552
	v	2,96	2,88	2,80	2,73	2,66	2,60	2,55	2,49	2,44
1000	Q	2509	2435	2368	2310	2252	2204	2155	2104	2065
	v	3,19	3,10	3,01	2,94	2,87	2,80	2,74	2,68	2,63
1200	Q	4105	3984	3874	3780	3685	3606	3526	3443	3379
	v	3,63	3,52	3,42	3,34	3,26	3,19	3,12	3,04	2,99
1400	Q	6207	6024	5859	5716	5573	5453	5333	5207	5110
	v	4,03	3,91	3,80	3,71	3,62	3,54	3,46	3,38	3,32
1600	Q	8890	8628	8391	8186	7981	7809	7638	7457	7318
	v	4,42	4,29	4,17	4,07	3,97	3,88	3,80	3,71	3,64
2000	Q	16137	15662	15231	14859	14488	14176	13864	13537	13284
	v	5,14	4,99	4,85	4,73	4,61	4,51	4,41	4,31	4,23
3000	Q	47346	45951	44687	43597	42507	41591	40676	39717	38975
	v	6,70	6,50	6,32	6,17	6,02	5,89	5,76	5,62	5,52
Gefälle		1 : 85	1 : 90	1 : 95	1 : 100	1 : 105	1 : 110	1 : 115	1 : 120	1 : 125
		$11{,}8^0/_{00}$	$11{,}1^0/_{00}$	$10{,}5^0/_{00}$	$10{,}0^0/_{00}$	$9{,}5^0/_{00}$	$9{,}1^0/_{00}$	$8{,}7^0/_{00}$	$8{,}3^0/_{00}$	$8{,}0^0/_{00}$

querschnitte.

1 : 130	1 : 135	1 : 140	1 : 145	1 : 150	1 : 155	1 : 160	1 : 165	1 : 170	Lichter Querschnitt	
7,7⁰/₀₀	7,4⁰/₀₀	7,1⁰/₀₀	6,9⁰/₀₀	6,7⁰/₀₀	6,5⁰/₀₀	6,3⁰/₀₀	6,1⁰/₀₀	5,9⁰/₀₀	Q in l/s	Durch-messer
0,0077	0,0074	0,0071	0,0069	0,0067	0,0065	0,0063	0,0061	0,0059	v in m/s	in mm
0,0878	0,0860	0,0843	0,0831	0,0819	0,0806	0,0794	0,0781	0,0768		
0,47	0,46	0,45	0,44	0,43	0,43	0,42	0,41	0,41	Q	50
0,24	0,23	0,23	0,22	0,22	0,22	0,21	0,21	0,21	v	
1,80	1,76	1,72	1,70	1,68	1,65	1,62	1,60	1,57	Q	80
0,36	0,35	0,35	0,34	0,34	0,33	0,33	0,32	0,31	v	
3,39	3,32	3,25	3,21	3,16	3,11	3,06	3,01	2,96	Q	100
0,43	0,42	0,41	0,41	0,40	0,39	0,39	0,38	0,38	v	
6,39	6,26	6,14	6,05	5,96	5,87	5,78	5,69	5,59	Q	125
0,52	0,51	0,50	0,49	0,48	0,48	0,47	0,46	0,45	v	
10,7	10,5	10,3	10,1	10,0	9,8	9,7	9,5	9,4	Q	150
0,61	0,59	0,58	0,57	0,57	0,56	0,55	0,54	0,53	v	
24,1	23,6	23,1	22,8	22,4	22,1	21,8	21,4	21,0	Q	200
0,76	0,75	0,73	0,72	0,71	0,70	0,69	0,68	0,67	v	
44,9	43,9	43,1	42,5	41,9	41,2	40,6	39,9	39,2	Q	250
0,91	0,89	0,88	0,86	0,85	0,84	0,83	0,81	0,80	v	
74,5	73,0	71,6	70,6	69,5	68,4	67,4	66,3	65,2	Q	300
1,05	1,03	1,01	1,00	0,98	0,97	0,95	0,94	0,92	v	
114,5	112,1	109,9	108,4	106,8	105,1	103,5	101,8	100,1	Q	350
1,19	1,17	1,15	1,13	1,11	1,10	1,08	1,06	1,04	v	
165,6	162,2	159,0	156,7	154,5	152,0	149,7	147,3	144,8	Q	400
1,32	1,29	1,26	1,25	1,23	1,21	1,19	1,17	1,15	v	
229,2	224,5	220,0	216,9	213,8	210,4	207,2	203,8	200,4	Q	450
1,44	1,41	1,38	1,36	1,34	1,32	1,30	1,28	1,26	v	
306,3	300,1	294,1	289,9	285,7	281,2	277,0	272,5	268,0	Q	500
1,56	1,53	1,50	1,48	1,46	1,43	1,41	1,39	1,37	v	
504,9	494,6	484,8	477,9	471,0	463,5	456,6	449,2	441,7	Q	600
1,78	1,75	1,71	1,69	1,66	1,64	1,61	1,59	1,56	v	
769,6	753,8	738,9	728,4	719,9	706,5	695,9	684,5	673,2	Q	700
2,00	1,96	1,92	1,89	1,87	1,84	1,81	1,78	1,75	v	
1107	1084	1063	1048	1033	1016	1001	984,8	968,4	Q	800
2,20	2,16	2,12	2,09	2,06	2,02	1,99	1,96	1,93	v	
1525	1493	1464	1443	1422	1400	1379	1356	1334	Q	900
2,40	2,35	2,30	2,27	2,24	2,20	2,17	2,13	2,10	v	
2028	1987	1947	1920	1892	1862	1834	1804	1774	Q	1000
2,58	2,53	2,48	2,44	2,41	2,37	2,33	2,30	2,26	v	
3318	3250	3186	3141	3095	3046	3001	2952	2903	Q	1200
2,93	2,87	2,82	2,78	2,74	2,69	2,65	2,61	2,57	v	
5018	4916	4818	4750	4681	4607	4538	4464	4390	Q	1400
3,26	3,19	3,13	3,08	3,04	2,99	2,95	2,90	2,85	v	
7187	7040	6901	6803	6704	6598	6500	6393	6287	Q	1600
3,57	3,50	3,43	3,38	3,33	3,28	3,23	3,18	3,13	v	
13047	12779	12526	12348	12170	11977	11798	11605	11412	Q	2000
4,15	4,07	3,99	3,93	3,87	3,81	3,76	3,69	3,63	v	
38279	37493	36752	36229	35706	35139	34616	34049	33482	Q	3000
5,42	5,31	5,20	5,13	5,05	4,97	4,90	4,82	4,74	v	
1 : 130	1 : 135	1 : 140	1 : 145	1 : 150	1 : 155	1 : 160	1 : 165	1 : 170	Gefälle	
7,7⁰/₀₀	7,4⁰/₀₀	7,1⁰/₀₀	6,9⁰/₀₀	6,7⁰/₀₀	6,5⁰/₀₀	6,3⁰/₀₀	6,1⁰/₀₀	5,9⁰/₀₀		

Kreis-

Lichter Querschnitt		1 : 175	1 : 180	1 : 185	1 : 190	1 : 195	1 : 200	1 : 210	1 : 220	1 : 225
	Q in l/s	$5{,}7^0/_{00}$	$5{,}6^0/_{00}$	$5{,}4^0/_{00}$	$5{,}3^0/_{00}$	$5{,}1^0/_{00}$	$5{,}0^0/_{00}$	$4{,}8^0/_{00}$	$4{,}5^0/_{00}$	$4{,}4^0/_{00}$
Durch-messer in mm		0,0057	0,0056	0,0054	0,0053	0,0051	0,0050	0,0048	0,0045	0,0044
	v in m/s	0,0756	0,0745	0,0735	0,0725	0,0716	0,0707	0,0690	0,0674	0,0667
50	Q	0,40	0,40	0,39	0,38	0,38	0,38	0,37	0,36	0,35
	v	0,20	0,20	0,20	0,20	0,19	0,19	0,19	0,18	0,18
80	Q	1,55	1,52	1,50	1,48	1,46	1,45	1,41	1,38	1,36
	v	0,31	0,31	0,30	0,30	0,29	0,29	0,28	0,28	0,27
100	Q	2,92	2,88	2,84	2,80	2,76	2,73	2,66	2,60	2,57
	v	0,37	0,37	0,36	0,36	0,35	0,35	0,34	0,33	0,33
125	Q	5,50	5,42	5,35	5,28	5,21	5,15	5,02	4,91	4,86
	v	0,45	0,44	0,43	0,43	0,42	0,42	0,41	0,40	0,39
150	Q	9,2	9,1	9,0	8,8	8,7	8,6	8,4	8,2	8,1
	v	0,52	0,51	0,51	0,50	0,49	0,49	0,48	0,47	0,46
200	Q	20,7	20,4	20,1	19,9	19,6	19,4	18,9	18,5	18,3
	v	0,66	0,65	0,64	0,63	0,62	0,62	0,60	0,59	0,58
250	Q	38,6	38,1	37,6	37,1	36,6	36,1	35,3	34,4	34,1
	v	0,79	0,77	0,76	0,75	0,74	0,74	0,72	0,70	0,69
300	Q	64,2	63,3	62,4	61,6	60,8	60,0	58,6	57,2	56,6
	v	0,91	0,89	0,88	0,87	0,86	0,85	0,83	0,81	0,80
350	Q	98,6	97,3	95,8	94,5	93,4	92,2	90,0	87,9	87,0
	v	1,03	1,01	1,00	0,99	0,97	0,96	0,94	0,92	0,91
400	Q	142,6	140,5	138,6	136,7	135,0	133,3	130,1	127,1	125,8
	v	1,13	1,12	1,10	1,09	1,07	1,06	1,04	1,01	1,00
450	Q	197,3	194,4	191,9	189,2	186,9	184,5	180,1	175,9	174,1
	v	1,24	1,22	1,21	1,19	1,17	1,16	1,13	1,11	1,09
500	Q	263,8	260,0	256,4	253,0	249,8	246,7	240,7	235,2	232,7
	v	1,35	1,33	1,31	1,29	1,27	1,26	1,23	1,20	1,19
600	Q	434,8	428,4	422,7	416,9	411,8	406,6	396,8	387,6	383,6
	v	1,53	1,51	1,49	1,47	1,45	1,44	1,40	1,37	1,35
700	Q	662,6	653,0	644,2	635,5	627,6	619,7	604,8	590,8	584,6
	v	1,72	1,70	1,68	1,65	1,63	1,61	1,57	1,54	1,52
800	Q	953,3	939,4	926,8	914,2	902,9	891,5	870,1	849,9	841,1
	v	1,90	1,87	1,84	1,82	1,80	1,77	1,73	1,69	1,67
900	Q	1313	1294	1276	1259	1243	1228	1198	1170	1158
	v	2,06	2,03	2,01	1,98	1,95	1,93	1,88	1,84	1,82
1000	Q	1746	1721	1698	1675	1654	1633	1594	1557	1541
	v	2,22	2,19	2,16	2,13	2,11	2,08	2,03	1,98	1,96
1200	Q	2857	2816	2778	2740	2706	2672	2608	2547	2521
	v	2,53	2,49	2,45	2,42	2,39	2,36	2,30	2,25	2,23
1400	Q	4321	4258	4201	4144	4093	4041	3944	3852	3812
	v	2,80	2,76	2,73	2,69	2,66	2,62	2,56	2,50	2,47
1600	Q	6189	6099	6017	5935	5861	5788	5648	5517	5460
	v	3,08	3,03	2,99	2,95	2,91	2,88	2,81	2,74	2,71
2000	Q	11234	11070	10922	10773	10639	10506	10253	10015	9911
	v	3,58	3,52	3,48	3,43	3,39	3,34	3,26	3,19	3,15
3000	Q	32959	32480	32044	31608	31215	30823	30082	29384	29079
	v	4,66	4,60	4,53	4,47	4,42	4,36	4,26	4,16	4,12
Gefälle		1 : 175	1 : 180	1 : 185	1 : 190	1 : 195	1 : 200	1 : 210	1 : 220	1 : 225
		$5{,}7^0/_{00}$	$5{,}6^0/_{00}$	$5{,}4^0/_{00}$	$5{,}3^0/_{00}$	$5{,}1^0/_{00}$	$5{,}0^0/_{00}$	$4{,}8^0/_{00}$	$4{,}5^0/_{00}$	$4{,}4^0/_{00}$

querschnitte.

1 : 230	1 : 240	1 : 250	1 : 260	1 : 270	1 : 280	1 : 290	1 : 300	1 : 310	Q in l/s / v in m/s	Lichter Querschnitt Durchmesser in mm
4,3⁰/₀₀	4,2⁰/₀₀	4,0⁰/₀₀	3,8⁰/₀₀	3,7⁰/₀₀	3,6⁰/₀₀	3,4⁰/₀₀	3,3⁰/₀₀	3,2⁰/₀₀		
0,0043	0,0042	0,0040	0,0038	0,0037	0,0036	0,0034	0,0033	0,0032		
0,0659	0,0646	0,0633	0,0620	0,0609	0,0598	0,0587	0,0577	0,0568		
0,35	0,34	0,34	0,33	0,32	0,32	0,31	0,31	0,30	Q	50
0,18	0,17	0,17	0,17	0,16	0,16	0,16	0,16	0,15	v	
1,35	1,32	1,30	1,27	1,25	1,22	1,20	1,18	1,16	Q	80
0,27	0,26	0,26	0,25	0,25	0,25	0,24	0,24	0,23	v	
2,54	2,49	2,44	2,40	2,36	2,31	2,27	2,23	2,19	Q	100
0,32	0,32	0,31	0,30	0,30	0,29	0,29	0,28	0,28	v	
4,80	4,70	4,61	4,51	4,43	4,35	4,27	4,20	4,14	Q	125
0,39	0,38	0,37	0,37	0,36	0,35	0,35	0,34	0,34	v	
8,0	7,9	7,7	7,6	7,4	7,3	7,2	7,0	6,9	Q	150
0,45	0,45	0,44	0,43	0,42	0,41	0,41	0,40	0,39	v	
18,1	17,7	17,3	17,0	16,7	16,4	16,1	15,8	15,6	Q	200
0,57	0,56	0,55	0,54	0,53	0,52	0,51	0,50	0,49	v	
33,7	33,0	32,3	31,7	31,1	30,5	30,0	29,5	29,0	Q	250
0,69	0,67	0,66	0,64	0,63	0,62	0,61	0,60	0,59	v	
55,9	54,8	53,7	52,6	51,7	50,8	49,8	49,0	48,2	Q	300
0,79	0,78	0,76	0,74	0,73	0,72	0,70	0,69	0,68	v	
85,9	84,2	82,5	80,8	79,4	78,0	76,5	75,2	74,1	Q	350
0,90	0,88	0,86	0,84	0,83	0,81	0,80	0,78	0,77	v	
124,3	121,8	119,4	116,9	114,9	112,8	110,7	108,8	107,1	Q	400
0,99	0,97	0,95	0,93	0,91	0,90	0,88	0,87	0,85	v	
172,0	168,6	165,2	161,8	158,9	156,1	153,2	150,6	148,2	Q	450
1,08	1,06	1,04	1,02	1,00	0,98	0,96	0,95	0,93	v	
229,9	225,4	220,9	216,3	212,5	208,6	204,8	201,3	198,2	Q	500
1,17	1,15	1,13	1,10	1,08	1,06	1,04	1,03	1,01	v	
379,0	371,5	364,0	356,6	350,2	343,9	337,6	331,8	326,7	Q	600
1,34	1,31	1,28	1,26	1,24	1,21	1,19	1,17	1,15	v	
577,6	566,2	554,8	543,4	533,8	524,1	514,5	505,7	497,9	Q	700
1,50	1,47	1,44	1,41	1,39	1,36	1,34	1,32	1,30	v	
831,0	814,6	798,2	781,8	767,9	754,1	740,2	727,6	716,2	Q	800
1,65	1,62	1,59	1,56	1,53	1,50	1,47	1,45	1,43	v	
1144	1122	1099	1077	1057	1038	1019	1002	986,3	Q	900
1,80	1,76	1,73	1,69	1,66	1,63	1,60	1,58	1,55	v	
1522	1492	1462	1432	1407	1381	1356	1333	1312	Q	1000
1,94	1,90	1,86	1,82	1,79	1,76	1,73	1,70	1,67	v	
2491	2442	2392	2343	2302	2260	2219	2181	2147	Q	1200
2,20	2,16	2,11	2,07	2,03	2,00	1,96	1,93	1,90	v	
3767	3692	3618	3544	3481	3418	3355	3298	3247	Q	1400
2,44	2,40	2,35	2,30	2,26	2,22	2,18	2,14	2,11	v	
5395	5288	5182	5075	4985	4895	4805	4723	4650	Q	1600
2,68	2,63	2,58	2,52	2,48	2,43	2,39	2,35	2,31	v	
9792	9599	9406	9213	9049	8886	8722	8574	8440	Q	2000
3,12	3,06	2,99	2,93	2,88	2,83	2,78	2,73	2,69	v	
28 730	28 163	27 597	27 030	26 550	26 071	25 591	25 155	24 763	Q	3000
4,07	3,99	3,91	3,83	3,76	3,69	3,62	3,56	3,51	v	
1 : 230	1 : 240	1 : 250	1 : 260	1 : 270	1 : 280	1 : 290	1 : 300	1 : 310		Gefälle
4,3⁰/₀₀	4,2⁰/₀₀	4,0⁰/₀₀	3,8⁰/₀₀	3,7⁰/₀₀	3,6⁰/₀₀	3,4⁰/₀₀	3,3⁰/₀₀	3,2⁰/₀₀		

Kreis-

Lichter Querschnitt		1 : 320	1 : 330	1 : 340	1 : 350	1 : 360	1 : 370	1 : 380	1 : 390	1 : 400
	Q in l/s	$3{,}1^0/_{00}$	$3{,}0^0/_{00}$	$2{,}9^0/_{00}$	$2{,}86^0/_{00}$	$2{,}78^0/_{00}$	$2{,}70^0/_{00}$	$2{,}63^0/_{00}$	$2{,}56^0/_{00}$	$2{,}50^0/_{00}$
Durch-messer in mm		0,0031	0,0030	0,0029	0,00286	0,00278	0,00270	0,00263	0,00256	0,00250
	v in m/s	0,0559	0,0550	0,0542	0,0535	0,0527	0,0520	0,0513	0,0506	0,0500
50	Q	0,30	0,29	0,29	0,28	0,28	0,28	0,27	0,27	0,27
	v	0,15	0,15	0,15	0,14	0,14	0,14	0,14	0,14	0,14
80	Q	1,14	1,13	1,11	1,09	1,08	1,06	1,05	1,04	1,02
	v	0,23	0,23	0,22	0,22	0,22	0,21	0,21	0,21	0,21
100	Q	2,16	2,12	2,09	2,07	2,03	2,01	1,98	1,95	1,93
	v	0,27	0,27	0,27	0,26	0,26	0,25	0,25	0,25	0,25
125	Q	4,07	4,00	3,95	3,89	3,84	3,79	3,73	3,68	3,64
	v	0,33	0,32	0,32	0,32	0,31	0,31	0,30	0,30	0,30
150	Q	6,8	6,7	6,6	6,5	6,4	6,3	6,3	6,2	6,1
	v	0,39	0,38	0,37	0,37	0,36	0,36	0,35	0,35	0,35
200	Q	15,3	15,1	14,9	14,7	14,4	14,2	14,1	13,9	13,7
	v	0,49	0,48	0,47	0,47	0,46	0,45	0,45	0,44	0,44
250	Q	28,6	28,1	27,7	27,3	26,9	26,6	26,2	25,9	25,6
	v	0,58	0,57	0,56	0,56	0,55	0,54	0,53	0,53	0,52
300	Q	47,5	46,7	46,0	45,4	44,7	44,1	43,6	43,0	42,5
	v	0,67	0,66	0,65	0,64	0,63	0,62	0,62	0,61	0,60
350	Q	72,9	71,7	70,7	69,8	68,7	67,8	66,9	66,0	65,2
	v	0,76	0,75	0,74	0,73	0,72	0,71	0,70	0,69	0,68
400	Q	105,4	103,7	102,2	100,9	99,4	98,1	96,8	95,4	94,3
	v	0,84	0,83	0,81	0,80	0,79	0,78	0,77	0,76	0,75
450	Q	145,9	143,6	141,5	139,6	137,5	135,7	133,9	132,1	130,5
	v	0,92	0,90	0,89	0,88	0,86	0,85	0,84	0,83	0,82
500	Q	195,0	191,9	189,1	186,7	183,9	181,4	179,0	176,5	174,5
	v	1,00	0,98	0,96	0,95	0,94	0,93	0,91	0,90	0,89
600	Q	321,5	316,3	311,7	307,7	303,1	299,1	295,0	291,0	287,6
	v	1,13	1,12	1,10	1,09	1,07	1,06	1,04	1,03	1,02
700	Q	490,0	482,1	475,1	468,9	461,9	455,8	449,6	443,5	438,3
	v	1,27	1,25	1,24	1,22	1,20	1,19	1,17	1,15	1,14
800	Q	704,9	693,6	683,5	674,6	664,5	655,7	646,9	638,1	630,5
	v	1,40	1,38	1,36	1,34	1,32	1,31	1,29	1,27	1,26
900	Q	970,6	955,0	941,1	929,0	915,1	902,9	890,8	878,6	868,2
	v	1,53	1,50	1,48	1,46	1,44	1,42	1,40	1,38	1,37
1000	Q	1291	1271	1252	1236	1217	1201	1185	1169	1155
	v	1,64	1,62	1,59	1,57	1,55	1,53	1,51	1,49	1,47
1200	Q	2113	2079	2048	2022	1992	1965	1939	1912	1890
	v	1,87	1,84	1,81	1,79	1,76	1,74	1,71	1,69	1,67
1400	Q	3195	3144	3098	3058	3012	2972	2932	2892	2858
	v	2,07	2,04	2,01	1,98	1,96	1,93	1,90	1,88	1,86
1600	Q	4576	4502	4437	4380	4314	4257	4199	4142	4093
	v	2,28	2,24	2,21	2,18	2,14	2,12	2,09	2,06	2,04
2000	Q	8306	8173	8054	7950	7831	7727	7623	7519	7430
	v	2,64	2,60	2,56	2,53	2,49	2,46	2,43	2,39	2,37
3000	Q	24371	23978	23629	23324	22975	22670	22365	22060	21798
	v	3,45	3,39	3,34	3,30	3,25	3,21	3,16	3,12	3,09
Gefälle		1 : 320	1 : 330	1 : 340	1 : 350	1 : 360	1 : 370	1 : 380	1 : 390	1 : 400
		$3{,}1^0/_{00}$	$3{,}0^0/_{00}$	$2{,}9^0/_{00}$	$2{,}86^0/_{00}$	$2{,}78^0/_{00}$	$2{,}70^0/_{00}$	$2{,}63^0/_{00}$	$2{,}56^0/_{00}$	$2{,}50^0/_{00}$

querschnitte.

1 : 410	1 : 420	1 : 430	1 : 440	1 : 450	1 : 460	1 : 470	1 : 480	1 : 490	Lichter Querschnitt	
$2,44^0/_{00}$	$2,38^0/_{00}$	$2,33^0/_{00}$	$2,27^0/_{00}$	$2,22^0/_{00}$	$2,17^0/_{00}$	$2,13^0/_{00}$	$2,08^0/_{00}$	$2,04^0/_{00}$	Q in l/s	Durch- messer in mm
0,00244	0,00238	0,00233	0,00227	0,00222	0,00217	0,00213	0,00208	0,00204		
0,0494	0,0488	0,0482	0,0477	0,0471	0,0466	0,0461	0,0456	0,0452	v in m/s	
0,26	0,26	0,26	0,25	0,25	0,25	0,24	0,24	0,24	Q	50
0,13	*0,13*	*0,13*	*0,13*	*0,13*	*0,13*	*0,12*	*0,12*	*0,12*	v	
1,01	1,00	0,99	0,98	0,96	0,95	0,94	0,93	0,92	Q	80
0,20	*0,20*	*0,20*	*0,20*	*0,19*	*0,19*	*0,19*	*0,19*	*0,19*	v	
1,91	1,88	1,86	1,84	1,82	1,80	1,78	1,76	1,74	Q	100
0,24	*0,24*	*0,24*	*0,23*	*0,23*	*0,23*	*0,23*	*0,22*	*0,22*	v	
3,60	3,55	3,51	3,47	3,43	3,39	3,36	3,32	3,29	Q	125
0,29	*0,29*	*0,28*	*0,28*	*0,28*	*0,27*	*0,27*	*0,27*	*0,27*	v	
6,0	6,0	5,9	5,8	5,7	5,7	5,6	5,6	5,5	Q	150
0,34	*0,34*	*0,33*	*0,33*	*0,32*	*0,32*	*0,32*	*0,31*	*0,31*	v	
13,5	13,4	13,2	13,1	12,9	12,8	12,6	12,5	12,4	Q	200
0,43	*0,42*	*0,42*	*0,41*	*0,41*	*0,41*	*0,40*	*0,40*	*0,39*	v	
25,2	24,9	24,6	24,4	24,1	23,8	23,6	23,3	23,1	Q	250
0,51	*0,51*	*0,50*	*0,50*	*0,49*	*0,48*	*0,48*	*0,47*	*0,47*	v	
41,9	41,4	40,9	40,5	40,0	39,6	39,1	38,7	38,4	Q	300
0,59	*0,59*	*0,58*	*0,57*	*0,57*	*0,56*	*0,55*	*0,55*	*0,54*	v	
64,4	63,6	62,9	62,2	61,4	60,8	60,1	59,5	58,9	Q	350
0,67	*0,66*	*0,66*	*0,65*	*0,64*	*0,63*	*0,63*	*0,62*	*0,61*	v	
93,2	92,0	90,9	90,0	88,8	87,9	86,9	86,0	85,2	Q	400
0,74	*0,73*	*0,72*	*0,72*	*0,71*	*0,70*	*0,69*	*0,68*	*0,68*	v	
128,9	127,4	125,9	124,5	122,9	121,6	120,3	119,0	118,0	Q	450
0,81	*0,80*	*0,79*	*0,78*	*0,77*	*0,76*	*0,76*	*0,75*	*0,74*	v	
172,4	170,3	168,2	166,4	164,3	162,6	160,8	159,1	157,7	Q	500
0,88	*0,87*	*0,86*	*0,85*	*0,84*	*0,83*	*0,82*	*0,81*	*0,80*	v	
284,1	280,6	277,2	274,3	270,9	268,0	265,1	262,2	259,9	Q	600
1,00	*0,99*	*0,98*	*0,97*	*0,96*	*0,95*	*0,94*	*0,93*	*0,92*	v	
433,0	427,7	422,5	418,1	412,8	408,4	404,1	399,7	396,2	Q	700
1,13	*1,11*	*1,10*	*1,09*	*1,07*	*1,06*	*1,05*	*1,04*	*1,03*	v	
622,9	615,4	607,8	601,5	593,9	587,6	581,3	575,0	570,0	Q	800
1,24	*1,22*	*1,21*	*1,20*	*1,18*	*1,17*	*1,16*	*1,14*	*1,13*	v	
857,8	847,4	836,9	828,3	817,8	809,2	800,5	791,8	784,9	Q	900
1,35	*1,33*	*1,32*	*1,30*	*1,29*	*1,27*	*1,26*	*1,24*	*1,23*	v	
1141	1127	1113	1102	1088	1076	1065	1053	1044	Q	1000
1,45	*1,43*	*1,42*	*1,40*	*1,38*	*1,37*	*1,36*	*1,34*	*1,33*	v	
1867	1844	1822	1803	1780	1761	1742	1723	1708	Q	1200
1,65	*1,63*	*1,61*	*1,59*	*1,57*	*1,56*	*1,54*	*1,52*	*1,51*	v	
2824	2789	2755	2726	2692	2664	2635	2606	2584	Q	1400
1,83	*1,81*	*1,79*	*1,77*	*1,75*	*1,73*	*1,71*	*1,69*	*1,68*	v	
4044	3995	3946	3905	3856	3815	3774	3733	3700	Q	1600
2,02	*1,99*	*1,96*	*1,94*	*1,92*	*1,90*	*1,88*	*1,86*	*1,84*	v	
7341	7251	7162	7088	6999	6924	6850	6776	6716	Q	2000
2,34	*2,31*	*2,28*	*2,26*	*2,23*	*2,20*	*2,18*	*2,16*	*2,14*	v	
21537	21275	21014	20796	20534	20316	20098	19880	19706	Q	3000
3,05	*3,01*	*2,97*	*2,94*	*2,91*	*2,88*	*2,84*	*2,81*	*2,79*	v	
1 : 410	1 : 420	1 : 430	1 : 440	1 : 450	1 : 460	1 : 470	1 : 480	1 : 490	Gefälle	
$2,44^0/_{00}$	$2,38^0/_{00}$	$2,33^0/_{00}$	$2,27^0/_{00}$	$2,22^0/_{00}$	$2,17^0/_{00}$	$2,13^0/_{00}$	$2,08^0/_{00}$	$2,04^0/_{00}$		

Kreis-

Lichter Querschnitt Durchmesser in mm		1 : 500 2,00⁰/₀₀ 0,00200 0,0447	1 : 525 1,90⁰/₀₀ 0,00190 0,0436	1 : 550 1,82⁰/₀₀ 0,00182 0,0426	1 : 575 1,74⁰/₀₀ 0,00174 0,0417	1 : 600 1,67⁰/₀₀ 0,00167 0,0408	1 : 650 1,54⁰/₀₀ 0,00154 0,0392	1 : 700 1,43⁰/₀₀ 0,00143 0,0378	1 : 750 1,33⁰/₀₀ 0,00133 0,0365	1 : 800 1,25⁰/₀₀ 0,00125 0,0354
	Q in l/s / v in m/s									
50	Q	0,24	0,24	0,23	0,22	0,22	0,21	0,20	0,19	0,19
	v	0,12	0,12	0,12	0,11	0,11	0,11	0,10	0,10	0,10
80	Q	0,91	0,89	0,87	0,85	0,83	0,80	0,77	0,75	0,72
	v	0,18	0,18	0,17	0,17	0,17	0,16	0,15	0,15	0,15
100	Q	1,73	1,68	1,64	1,61	1,57	1,51	1,46	1,41	1,36
	v	0,22	0,21	0,21	0,20	0,20	0,19	0,19	0,18	0,17
125	Q	3,25	3,17	3,10	3,04	2,97	2,85	2,75	2,66	2,58
	v	0,26	0,26	0,25	0,25	0,24	0,23	0,22	0,22	0,21
150	Q	5,5	5,3	5,2	5,1	5,0	4,8	4,6	4,5	4,3
	v	0,31	0,30	0,29	0,29	0,28	0,27	0,26	0,25	0,24
200	Q	12,2	11,9	11,7	11,4	11,2	10,7	10,4	10,0	9,7
	v	0,39	0,38	0,37	0,36	0,35	0,34	0,33	0,32	0,31
250	Q	22,8	22,3	21,8	21,3	20,8	20,0	19,3	18,7	18,1
	v	0,46	0,45	0,44	0,43	0,42	0,41	0,39	0,38	0,37
300	Q	38,0	37,0	36,2	35,4	34,6	33,3	32,1	31,0	30,1
	v	0,54	0,52	0,51	0,50	0,49	0,47	0,45	0,44	0,43
350	Q	58,3	56,9	55,6	54,4	53,2	51,1	49,3	47,6	46,2
	v	0,61	0,59	0,58	0,57	0,55	0,53	0,51	0,50	0,48
400	Q	84,3	82,2	80,3	78,6	76,9	73,9	71,3	68,8	66,8
	v	0,67	0,65	0,64	0,63	0,61	0,59	0,57	0,55	0,53
450	Q	116,7	113,8	111,2	108,8	106,5	102,3	98,7	95,3	92,4
	v	0,73	0,72	0,70	0,68	0,67	0,64	0,62	0,60	0,58
500	Q	156,0	152,1	148,6	145,5	142,4	136,8	131,9	127,3	123,5
	v	0,80	0,78	0,76	0,74	0,73	0,70	0,67	0,65	0,63
600	Q	257,1	250,7	245,0	239,8	234,5	225,4	217,4	209,9	202,6
	v	0,91	0,89	0,86	0,85	0,83	0,80	0,77	0,74	0,72
700	Q	391,8	382,2	373,4	365,5	357,6	343,6	331,3	319,9	310,3
	v	1,02	0,99	0,97	0,95	0,93	0,89	0,86	0,83	0,81
800	Q	563,7	549,8	537,2	525,8	514,5	494,3	476,7	460,3	446,4
	v	1,12	1,09	1,07	1,05	1,02	0,98	0,95	0,92	0,89
900	Q	776,2	757,1	739,7	724,1	708,5	680,7	656,4	633,8	614,7
	v	1,22	1,19	1,16	1,14	1,11	1,07	1,03	1,00	0,97
1000	Q	1033	1007	984,1	963,3	942,5	905,5	873,2	843,2	817,7
	v	1,31	1,28	1,25	1,23	1,20	1,15	1,11	1,07	1,04
1200	Q	1689	1648	1610	1576	1542	1482	1429	1380	1338
	v	1,49	1,46	1,42	1,39	1,36	1,31	1,26	1,22	1,18
1400	Q	2555	2492	2435	2383	2332	2241	2161	2086	2023
	v	1,66	1,62	1,58	1,54	1,51	1,45	1,40	1,35	1,31
1600	Q	3659	3569	3487	3414	3340	3209	3094	2988	2898
	v	1,82	1,77	1,73	1,70	1,66	1,60	1,54	1,49	1,44
2000	Q	6642	6479	6330	6196	6063	5825	5617	5424	5260
	v	2,11	2,06	2,01	1,97	1,93	1,85	1,79	1,73	1,67
3000	Q	19488	19008	18572	18180	17787	17090	16480	15913	15433
	v	2,75	2,69	2,63	2,57	2,52	2,42	2,33	2,25	2,18
Gefälle		1 : 500 2,00⁰/₀₀	1 : 525 1,90⁰/₀₀	1 : 550 1,82⁰/₀₀	1 : 575 1,74⁰/₀₀	1 : 600 1,67⁰/₀₀	1 : 650 1,54⁰/₀₀	1 : 700 1,43⁰/₀₀	1 : 750 1,33⁰/₀₀	1 : 800 1,25⁰/₀₀

querschnitte.

1 : 850	1 : 900	1 : 950	1:1000	1:1100	1:1200	1:1300	1:1400	1:1500	Lichter Querschnitt	
1,18$^0/_{00}$	1,11$^0/_{00}$	1,05$^0/_{00}$	1,00$^0/_{00}$	0,91$^0/_{00}$	0,83$^0/_{00}$	0,77$^0/_{00}$	0,71$^0/_{00}$	0,67$^0/_{00}$	Q in l/s	Durch-messer in mm
0,00118	0,00111	0,00105	0,00100	0,00091	0,00083	0,00077	0,00071	0,00067		
0,0343	0,0333	0,0324	0,0316	0,0302	0,0288	0,0278	0,0267	0,0258	v in m/s	
0,18	0,18	0,17	0,17	0,16	0,15	0,15	0,14	0,14	Q	50
0,09	0,09	0,09	0,09	0,08	0,08	0,08	0,07	0,07	v	
0,70	0,68	0,66	0,65	0,62	0,59	0,57	0,55	0,53	Q	80
0,14	0,14	0,13	0,13	0,12	0,12	0,11	0,11	0,11	v	
1,32	1,29	1,25	1,22	1,17	1,11	1,07	1,03	1,00	Q	100
0,17	0,16	0,16	0,16	0,15	0,14	0,14	0,13	0,13	v	
2,50	2,42	2,36	2,30	2,20	2,10	2,02	1,94	1,88	Q	125
0,20	0,20	0,19	0,19	0,18	0,17	0,16	0,16	0,15	v	
4,2	4,1	4,0	3,86	3,68	3,51	3,39	3,26	3,15	Q	150
0,24	0,23	0,22	0,22	0,21	0,20	0,19	0,18	0,18	v	
9,4	9,1	8,9	8,66	8,27	7,89	7,62	7,32	7,07	Q	200
0,30	0,29	0,28	0,28	0,26	0,25	0,24	0,23	0 22	v	
17,5	17,0	16,6	16,15	15,43	14,72	14,21	13,64	13,18	Q	250
0,36	0,35	0,34	0,33	0,31	0,30	0,29	0,28	0,27	v	
29,1	28,3	27,5	26,8	25,6	24,5	23,6	22,7	21,9	Q	300
0,41	0,40	0,39	0,38	0,36	0,35	0,33	0,32	0,31	v	
44,7	43,4	42,2	41,2	39,4	37,6	36,3	34,8	33,6	Q	350
0,47	0,45	0,44	0,43	0,41	0,39	0,38	0,36	0,35	v	
64,7	62,8	61,1	59,6	57,0	54,3	52,4	50,4	48,7	Q	400
0,51	0,50	0,49	0,47	0,45	0,43	0,42	0,40	0,39	v	
89,5	86,9	84,6	82,5	78,8	75,2	72,6	69,7	67,3	Q	450
0,56	0,55	0,53	0,52	0,50	0,47	0,46	0,44	0,42	v	
119,7	116,2	113,0	110,3	105,4	100,5	97,0	93,2	90,0	Q	500
0,61	0,59	0,58	0,56	0,54	0,51	0,50	0,48	0,46	v	
197,3	191,5	186,3	181,7	173,7	165,6	159,9	153,6	148,4	Q	600
0,70	0,68	0,66	0,64	0,61	0,59	0,56	0,54	0,52	v	
300,6	291,9	284,0	277,0	264,7	252,4	243,7	234,0	226,1	Q	700
0,78	0,76	0,74	0,72	0,69	0,66	0,63	0,61	0,59	v	
432,5	419,9	408,6	398,5	380,9	363,2	350,6	336,7	325,4	Q	800
0,86	0,84	0,81	0,79	0,76	0,72	0,70	0,67	0,65	v	
595,6	578,2	562,6	548,8	524,5	500,1	482,8	463,7	448,0	Q	900
0,94	0,91	0,88	0,86	0,82	0,79	0,76	0,73	0,70	v	
792,3	769,2	748,4	730,0	697,6	665,3	642,2	616,8	596,0	Q	1000
1,01	0,98	0,95	0,93	0,89	0,85	0,82	0,79	0,76	v	
1296	1259	1225	1194	1141	1088	1051	1009	975,1	Q	1200
1,15	1,11	1,08	1,06	1,01	0,96	0,93	0,89	0,86	v	
1961	1903	1852	1806	1726	1646	1589	1526	1475	Q	1400
1,27	1,24	1,20	1,17	1,12	1,07	1,03	0,99	0,96	v	
2808	2726	2652	2587	2472	2358	2276	2186	2112	Q	1600
1,40	1,36	1,32	1,29	1,23	1,17	1,13	1,09	1,05	v	
5097	4948	4814	4696	4488	4280	4131	3967	3834	Q	2000
1,62	1,58	1,53	1,49	1,43	1,36	1,31	1,26	1,22	v	
14954	14518	14125	13777	13166	12556	12120	11640	11248	Q	3000
2,12	2,05	2,00	1,95	1,86	1,78	1,72	1,65	1,59	v	
1 : 850	1 : 900	1 : 950	1:1000	1:1100	1:1200	1:1300	1:1400	1:1500	Gefälle	
1,18$^0/_{00}$	1,11$^0/_{00}$	1,05$^0/_{00}$	1,00$^0/_{00}$	0,91$^0/_{00}$	0,83$^0/_{00}$	0,77$^0/_{00}$	0,71$^0/_{00}$	0,67$^0/_{00}$		

Kreis-

Lichter Querschnitt		1:1600	1:1700	1:1800	1:1900	2:2000	1:2100	1:2200	1:2300	1:2400
Durchmesser in mm	Q in l/s	0,63⁰/₀₀	0,59⁰/₀₀	0,56⁰/₀₀	0,53⁰/₀₀	0,50⁰/₀₀	0,48⁰/₀₀	0,45⁰/₀₀	0,43⁰/₀₀	0,42⁰/₀₀
		0,00063	0,00059	0,00056	0,00053	0,00050	0,00048	0,00045	0,00043	0,00042
	v in m/s	0,0250	0,0243	0,0236	0,0229	0,0224	0,0218	0,0213	0,0209	0,0204
50	Q	0,13	0,13	0,13	0,12	0,12	0,12	0,11	0,11	0,11
	v	0,07	0,07	0,06	0,06	0,06	0,06	0,06	0,06	0,06
80	Q	0,51	0,50	0,48	0,47	0,46	0,45	0,44	0,43	0,42
	v	0,10	0,10	0,10	0,09	0,09	0,09	0,09	0,09	0,08
100	Q	0,97	0,94	0,91	0,88	0,86	0,84	0,82	0,81	0,79
	v	0,12	0,12	0,12	0,11	0,11	0,11	0,10	0,10	0,10
125	Q	1,82	1,77	1,72	1,67	1,63	1,59	1,55	1,52	1,49
	v	0,15	0,14	0,14	0,14	0,13	0,13	0,13	0,12	0,12
150	Q	3,05	2,96	2,88	2,79	2,73	2,66	2,60	2,55	2,49
	v	0,17	0,17	0,16	0,16	0,16	0,15	0,15	0,14	0,14
200	Q	6,85	6,66	6,47	6,27	6,14	5,97	5,84	5,73	5,59
	v	0,22	0,21	0,21	0,20	0,20	0,19	0,19	0,18	0,18
250	Q	12,78	12,42	12,06	11,70	11,45	11,14	10,88	10,68	10,42
	v	0,26	0,25	0,25	0,24	0,23	0,23	0,22	0,22	0,21
300	Q	21,2	20,6	20,0	19,4	19,0	18,5	18,1	17,7	17,3
	v	0,30	0,29	0,28	0,28	0,27	0,26	0,26	0,25	0,25
350	Q	32,6	31,7	30,8	29,9	29,2	28,4	27,8	27,3	26,6
	v	0,34	0,33	0,32	0,31	0,31	0,30	0,29	0,28	0,28
400	Q	47,2	45,8	44,5	43,2	42,3	41,1	40,2	39,4	38,5
	v	0,38	0,37	0,35	0,34	0,34	0,33	0,32	0,31	0,31
450	Q	65,3	63,4	61,6	59,8	58,5	56,9	55,6	54,6	53,2
	v	0,41	0,40	0,39	0,38	0,37	0,36	0,35	0,34	0,34
500	Q	87,2	84,8	82,3	79,9	78,2	76,1	74,3	72,9	71,2
	v	0,45	0,43	0,42	0,41	0,40	0,39	0,38	0,37	0,36
600	Q	143,8	139,7	135,7	131,7	128,8	125,4	122,5	120,2	117,3
	v	0,51	0,49	0,48	0,47	0,46	0,44	0,43	0,42	0,41
700	Q	219,1	213,0	206,9	200,7	196,3	191,1	186,7	183,2	178,8
	v	0,57	0,55	0,54	0,52	0,51	0,50	0,49	0,48	0,47
800	Q	315,3	306,5	297,6	288,8	282,5	274,9	268,6	263,6	257,3
	v	0,63	0,61	0,59	0,58	0,56	0,55	0,54	0,53	0,51
900	Q	434,2	422,0	409,8	397,7	389,0	378,6	369,9	362,9	354,3
	v	0,68	0,66	0,64	0,63	0,61	0,60	0,58	0,57	0,56
1000	Q	577,5	561,3	545,2	529,0	517,4	503,6	492,0	482,8	471,2
	v	0,74	0,71	0,69	0,67	0,66	0,64	0,63	0,61	0,60
1200	Q	944,9	918,4	892,0	865,5	846,6	823,9	805,0	789,9	771,0
	v	0,84	0,81	0,79	0,77	0,75	0,73	0,71	0,70	0,68
1400	Q	1429	1389	1349	1309	1280	1246	1217	1195	1166
	v	0,93	0,90	0,88	0,85	0,83	0,81	0,79	0,78	0,76
1600	Q	2047	1989	1932	1875	1834	1785	1744	1711	1670
	v	1,02	0,99	0,96	0,93	0,91	0,89	0,87	0,85	0,83
2000	Q	3715	3611	3507	3403	3329	3239	3165	3106	3031
	v	1,18	1,15	1,12	1,08	1,06	1,03	1,01	0,99	0,96
3000	Q	10899	10594	10289	9984	9765	9504	9286	9112	8894
	v	1,54	1,50	1,46	1,41	1,38	1,35	1,31	1,29	1,26
Gefälle		1:1600	1:1700	1:1800	1:1900	1:2000	1:2100	1:2200	1:2300	1:2400
		0,63⁰/₀₀	0,59⁰/₀₀	0,56⁰/₀₀	0,53⁰/₀₀	0,50⁰/₀₀	0,48⁰/₀₀	0,45⁰/₀₀	0,43⁰/₀₀	0,42⁰/₀₀

querschnitte.

1:2500	1:2600	1:2700	1:2800	1:2900	1:3000	1:4000	1:5000	1:6000	Lichter Querschnitt	
0,40⁰/₀₀	0,38⁰/₀₀	0,37⁰/₀₀	0,36⁰/₀₀	0,34⁰/₀₀	0,33⁰/₀₀	0,25⁰/₀₀	0,20⁰/₀₀	0,17⁰/₀₀	Q in l/s	
0,00040	0,00038	0,00037	0,00036	0,00034	0,00033	0,00025	0,00020	0,00017		Durch-messer in mm
0,0200	0,0196	0,0192	0,0189	0,0186	0,0183	0,0158	0,0141	0,01292	v in m/s	
0,11	0,10	0,10	0,10	0,10	0,10	0,08	0,07	0,07	Q	50
0,05	0,05	0,05	0,05	0,05	0,05	0,04	0,04	0,03	v	
0,41	0,40	0,39	0,39	0,38	0,37	0,32	0,29	0,26	Q	80
0,08	0,08	0,08	0,08	0,08	0,08	0,06	0,06	0,05	v	
0,77	0,76	0,74	0,73	0,72	0,71	0,61	0,54	0,50	Q	100
0,10	0,10	0,09	0,09	0,09	0,09	0,08	0,07	0,06	v	
1,46	1,43	1,40	1,38	1,35	1,33	1,15	1,03	0,94	Q	125
0,12	0,12	0,11	0,11	0,11	0,11	0,09	0,08	0,07	v	
2,44	2,39	2,34	2,31	2,27	2,23	1,93	1,72	1,58	Q	150
0,14	0,14	0,13	0,13	0,13	0,13	0,11	0,10	0,09	v	
5,48	5,37	5,26	5,18	5,10	5,01	4,33	3,86	3,54	Q	200
0,17	0,17	0,17	0,16	0,16	0,16	0,14	0,12	0,11	v	
10,22	10,02	9,81	9,66	9,50	9,35	8,07	7,21	6,60	Q	250
0,21	0,20	0,20	0,20	0,19	0,19	0,16	0,15	0,13	v	
17,0	16,6	16,3	16,1	15,8	15,5	13,4	12,0	11,0	Q	300
0,24	0,24	0,23	0,23	0,22	0,22	0,19	0,17	0,15	v	
26,1	25,6	25,0	24,7	24,3	23,9	20,6	18,4	16,8	Q	350
0,27	0,27	0,26	0,26	0,25	0,25	0,22	0,19	0,18	v	
37,7	37,0	36,2	35,7	35,1	34,5	29,9	26,6	24,4	Q	400
0,30	0,29	0,29	0,28	0,28	0,27	0,24	0,21	0,19	v	
52,2	51,2	50,1	49,3	48,6	47,8	41,2	36,8	33,7	Q	450
0,33	0,32	0,32	0,31	0,31	0,30	0,26	0,23	0,21	v	
69,8	68,4	67,0	65,9	64,9	63,9	55,1	49,2	45,1	Q	500
0,36	0,35	0,34	0,34	0,33	0,33	0,28	0,25	0,23	v	
115,0	112,7	110,4	108,7	107,0	105,2	90,9	81,1	74,3	Q	600
0,41	0,40	0,39	0,38	0,38	0,37	0,32	0,29	0,26	v	
175,3	171,8	168,3	165,7	163,0	160,4	138,5	123,6	113,2	Q	700
0,46	0,45	0,44	0,43	0,42	0,42	0,36	0,32	0,30	v	
252,2	247,2	242,2	238,4	234,6	230,8	199,3	177,8	162,9	Q	800
0,50	0,49	0,48	0,47	0,47	0,46	0,40	0,35	0,32	v	
347,3	340,4	333,4	328,2	323,0	317,8	274,4	244,9	224,4	Q	900
0,55	0,54	0,52	0,52	0,51	0,50	0,43	0,39	0,35	v	
462,0	452,8	443,5	436,6	429,7	422,7	365,0	325,7	298,5	Q	1000
0,59	0,58	0,56	0,56	0,55	0,54	0,47	0,42	0,38	v	
755,9	740,8	725,7	714,3	703,0	691,6	597,2	532,9	488,3	Q	1200
0,67	0,66	0,64	0,63	0,62	0,61	0,53	0,47	0,43	v	
1143	1120	1097	1080	1063	1046	903	806	738	Q	1400
0,74	0,73	0,71	0,70	0,69	0,68	0,59	0,52	0,48	v	
1637	1604	1572	1547	1523	1498	1293	1154	1058	Q	1600
0,81	0,80	0,78	0,77	0,76	0,74	0,64	0,57	0,53	v	
2972	2912	2853	2808	2764	2719	2348	2095	1920	Q	2000
0,95	0,93	0,91	0,89	0,88	0,87	0,75	0,67	0,61	v	
8719	8545	8371	8240	8109	7978	6888	6147	5633	Q	3000
1,23	1,21	1,18	1,17	1,15	1,13	0,97	0,87	0,80	v	
1:2500	1:2600	1:2700	1:2800	1:2900	1:3000	1:4000	1:5000	1:6000	Gefälle	
0,40⁰/₀₀	0,38⁰/₀₀	0,37⁰/₀₀	0,36⁰/₀₀	0,34⁰/₀₀	0,33⁰/₀₀	0,25⁰/₀₀	0,20⁰/₀₀	0,17⁰/₀₀		

Lichter Querschnitt Breite und Höhe in mm	Q in l/s v in m/s	Lichter Querschnitt Fläche F in m²	Umfang U in m	Hydraul. Radius $R=\dfrac{\text{Fläche}}{\text{Umfang}}$ in m	$Q_1=F\cdot\dfrac{a\cdot R}{b+\sqrt{R}}$ in l/s $v_1=\dfrac{a\cdot R}{b+\sqrt{R}}$ in m/s	1:10 $100^0/_{00}$ $J=0{,}100$ $\sqrt{J}=0{,}316$	1:11 $91^0/_{00}$ $0{,}091$ $0{,}302$	1:12 $83^0/_{00}$ $0{,}083$ $0{,}288$	1:13 $77^0/_{00}$ $0{,}077$ $0{,}277$	1:14 $71^0/_{00}$ $0{,}071$ $0{,}267$
					Nr. 2. Überhöhte					
600/1050	Q v	0,4943	2,6552	0,1862	11777 *23,83*	3722 *7,53*	3557 *7,20*	3392 *6,86*	3262 *6,60*	3144 *6,36*
700/1225	Q v	0,6728	3,0980	0,2172	17905 *26,61*	5658 *8,41*	5408 *8,04*	5157 *7,66*	4960 *7,37*	4781 *7,10*
800/1400	Q v	0,8788	3,5402	0,2482	25714 *29,26*	8126 *9,25*	7766 *8,84*	7406 *8,43*	7123 *8,11*	6866 *7,81*
900/1575	Q v	1,1121	3,9830	0,2793	35357 *31,79*	11173 *10,05*	10678 *9,60*	10183 *9,16*	9794 *8,81*	9440 *8,49*
1000/1750	Q v	1,3731	4,4253	0,3103	46976 *34,21*	14844 *10,81*	14187 *10,33*	13529 *9,85*	13012 *9,48*	12543 *9,13*
					Nr. 3. Normale					
500/750	Q v	0,2871	1,9825	0,1448	5691 *19,82*	1798 *6,26*	1719 *5,99*	1639 *5,71*	1576 *5,49*	1519 *5,29*
600/900	Q v	0,4135	2,3790	0,1738	9370 *22,66*	2961 *7,16*	2830 *6,84*	2699 *6,53*	2595 *6,28*	2502 *6,05*
700/1050	Q v	0,5628	2,7755	0,2028	14264 *25,33*	4507 *8,00*	4308 *7,65*	4108 *7,30*	3951 *7,02*	3808 *6,76*
800/1200	Q v	0,7351	3,1720	0,2317	20487 *27,87*	6474 *8,81*	6187 *8,42*	5900 *8,03*	5675 *7,72*	5470 *7,44*
900/1350	Q v	0,9303	3,5684	0,2607	28179 *30,29*	8905 *9,57*	8510 *9,15*	8116 *8,72*	7806 *8,39*	7524 *8,09*
1000/1500	Q v	1,1485	3,9649	0,2897	37464 *32,62*	11839 *10,31*	11314 *9,85*	10790 *9,39*	10378 *9,04*	10003 *8,71*
1200/1800	Q v	1,6539	4,7579	0,3476	61194 *37,00*	19337 *11,69*	18481 *11,17*	17624 *10,66*	16951 *10,25*	16339 *9,88*
1400/2100	Q v	2,2511	5,5509	0,4055	92498 *41,09*	29229 *12,98*	27934 *12,41*	26639 *11,83*	25622 *11,38*	24697 *10,97*
1600/2400	Q v	2,9402	6,3439	0,4635	132221 *44,96*	41782 *14,21*	39931 *13,58*	38080 *12,95*	36625 *12,45*	35303 *12,00*
					Nr. 4. Breite					
1200/1500	Q v	1,3763	4,2192	0,3264	48758 *35,43*	15407 *11,20*	14725 *10,70*	14042 *10,20*	13506 *9,81*	13018 *9,46*
1400/1750	Q v	1,8733	4,9224	0,3808	73761 *39,38*	23308 *12,44*	22276 *11,89*	21243 *11,34*	20432 *10,91*	19694 *10,51*
1600/2000	Q v	2,4467	5,6256	0,4352	105458 *43,10*	33325 *13,62*	31848 *13,02*	30372 *12,41*	29212 *11,94*	28157 *11,51*
1800/2250	Q v	3,0967	6,3288	0,4896	144433 *46,64*	45641 *14,74*	43619 *14,09*	41597 *13,43*	40008 *12,92*	38564 *12,45*
2000/2500	Q v	3,8230	7,0320	0,5440	191226 *50,02*	60427 *15,81*	57750 *15,11*	55073 *14,41*	52970 *13,86*	51057 *13,36*
Gefälle						1:10 $100^0/_{00}$	1:11 $91^0/_{00}$	1:12 $83^0/_{00}$	1:13 $77^0/_{00}$	1:14 $71^0/_{00}$

querschnitte.

1:15	1:16	1:17	1:18	1:19	1:20	1:21	1:22	1:23	Q in l/s v in m/s	Lichter Querschnitt — Breite und Höhe in mm
$67^0/_{00}$	$62,5^0/_{00}$	$59^0/_{00}$	$55,6^0/_{00}$	$52,6^0/_{00}$	$50^0/_{00}$	$47,6^0/_{00}$	$45,5^0/_{00}$	$43,5^0/_{00}$		
0,067	0,0625	0,059	0,0556	0,0526	0,050	0,0476	0,0455	0,0435		
0,258	0,250	0,243	0,236	0,229	0,224	0,218	0,213	0,209		

Eiquerschnitte, $b:h = 2:3,5.$

1:15	1:16	1:17	1:18	1:19	1:20	1:21	1:22	1:23		Breite/Höhe in mm
3038	2944	2861	2779	2697	2638	2567	2509	2461	Q	600/1050
6,15	5,96	5,79	5,62	5,46	5,34	5,19	5,08	4,98	v	
4619	4476	4351	4226	4100	4011	3903	3814	3742	Q	700/1225
6,87	6,65	6,47	6,28	6,09	5,96	5,80	5,67	5,56	v	
6634	6429	6249	6069	5889	5760	5606	5477	5374	Q	800/1400
7,55	7,32	7,11	6,91	6,70	6,55	6,38	6,23	6,12	v	
9122	8839	8592	8344	8097	7920	7708	7531	7390	Q	900/1575
8,20	7,95	7,72	7,50	7,28	7,12	6,93	6,77	6,64	v	
12120	11744	11415	11086	10758	10523	10241	10006	9818	Q	1000/1750
8,83	8,55	8,31	8,07	7,83	7,66	7,46	7,29	7,15	v	

Eiquerschnitte, $b:h = 2:3.$

1:15	1:16	1:17	1:18	1:19	1:20	1:21	1:22	1:23		Breite/Höhe in mm
1468	1423	1383	1343	1303	1275	1241	1212	1189	Q	500/750
5,13	4,96	4,82	4,68	4,54	4,44	4,32	4,22	4,14	v	
2417	2343	2277	2211	2146	2099	2043	1996	1958	Q	600/900
5,85	5,67	5,51	5,35	5,19	5,08	4,94	4,83	4,74	v	
3680	3566	3466	3366	3266	3195	3110	3038	2981	Q	700/1050
6,54	6,33	6,16	5,98	5,80	5,67	5,52	5,40	5,29	v	
5286	5122	4978	4835	4692	4589	4466	4364	4282	Q	800/1200
7,19	6,97	6,77	6,58	6,38	6,24	6,08	5,94	5,82	v	
7270	7045	6847	6650	6453	6312	6143	6002	5889	Q	900/1350
7,81	7,57	7,36	7,15	6,94	6,78	6,60	6,45	6,33	v	
9666	9366	9104	8842	8579	8392	8167	7980	7830	Q	1000/1500
8,42	8,16	7,93	7,70	7,47	7,31	7,11	6,95	6,82	v	
15788	15299	14870	14442	14013	13707	13340	13034	12790	Q	1200/1800
9,55	9,25	8,99	8,73	8,47	8,29	8,07	7,88	7,73	v	
23864	23125	22477	21830	21182	20720	20165	19702	19332	Q	1400/2100
10,60	10,27	9,98	9,70	9,41	9,20	8,96	8,75	8,59	v	
34113	33055	32130	31204	30279	29618	28824	28163	27634	Q	1600/2400
11,60	11,24	10,93	10,61	10,34	10,07	9,80	9,58	9,40	v	

Eiquerschnitte, $b:h = 2:2,5.$

1:15	1:16	1:17	1:18	1:19	1:20	1:21	1:22	1:23		Breite/Höhe in mm
12580	12190	11848	11507	11166	10922	10629	10385	10190	Q	1200/1500
9,14	8,86	8,61	8,36	8,11	7,94	7,72	7,55	7,40	v	
19030	18440	17924	17408	16891	16522	16080	15711	15416	Q	1400/1750
10,16	9,85	9,57	9,29	9,02	8,82	8,58	8,39	8,23	v	
27208	26365	25626	24888	24150	23625	22990	22463	22041	Q	1600/2000
11,12	10,78	10,47	10,17	9,87	9,65	9,40	9,18	9,01	v	
37264	36108	35097	34086	33075	32353	31486	30764	30186	Q	1800/2250
12,03	11,66	11,33	11,01	10,68	10,45	10,17	9,93	9,75	v	
49336	47807	46468	45129	43791	42835	41687	40731	39966	Q	2000/2500
12,91	12,51	12,15	11,80	11,45	11,20	10,90	10,65	10,45	v	

1:15	1:16	1:17	1:18	1:19	1:20	1:21	1:22	1:23	Gefälle
$67^0/_{00}$	$62,5^0/_{00}$	$59^0/_{00}$	$55,6^0/_{00}$	$52,6^0/_{00}$	$50^0/_{00}$	$47,6^0/_{00}$	$45,5^0/_{00}$	$43,5^0/_{00}$	

Ei-

Lichter Querschnitt		1:24	1:25	1:26	1:27	1:28	1:29	1:30	1:31	1:32
Breite und Höhe in mm	Q in l/s	$41,7^0/_{00}$	$40^0/_{00}$	$38,5^0/_{00}$	$37^0/_{00}$	$35,7^0/_{00}$	$34,5^0/_{00}$	$33,3^0/_{00}$	$32,3^0/_{00}$	$31,3^0/_{00}$
		0,0417	0,0400	0,0385	0,0370	0,0357	0,0345	0,0333	0,0323	0,0313
	v in m/s	0,204	0,200	0,196	0,192	0,189	0,186	0,183	0,180	0,177

Nr. 2. Überhöhte

		1:24	1:25	1:26	1:27	1:28	1:29	1:30	1:31	1:32
600/1050	Q	2403	2355	2308	2261	2226	2191	2155	2120	2085
	v	4,86	4,77	4,67	4,58	4,50	4,43	4,36	4,29	4,22
700/1225	Q	3653	3581	3509	3438	3384	3330	3277	3223	3169
	v	5,43	5,32	5,22	5,11	5,03	4,95	4,87	4,79	4,71
800/1400	Q	5246	5143	5040	4937	4860	4783	4706	4629	4551
	v	5,97	5,85	5,73	5,62	5,53	5,44	5,35	5,27	5,18
900/1575	Q	7213	7071	6930	6789	6682	6576	6470	6364	6258
	v	6,49	6,36	6,23	6,10	6,01	5,91	5,82	5,72	5,63
1000/1750	Q	9583	9395	9207	9019	8878	8738	8597	8456	8315
	v	6,98	6,84	6,71	6,57	6,47	6,36	6,26	6,16	6,06

Nr. 3. Normale

		1:24	1:25	1:26	1:27	1:28	1:29	1:30	1:31	1:32
500/750	Q	1161	1138	1115	1093	1076	1059	1041	1024	1007
	v	4,04	3,96	3,88	3,81	3,75	3,69	3,63	3,57	3,51
600/900	Q	1911	1874	1837	1799	1771	1743	1715	1687	1658
	v	4,62	4,53	4,44	4,35	4,28	4,21	4,15	4,08	4,01
700/1050	Q	2910	2853	2796	2739	2696	2653	2610	2568	2525
	v	5,17	5,07	4,96	4,86	4,79	4,71	4,64	4,60	4,48
800/1200	Q	4179	4097	4015	3934	3872	3811	3749	3688	3626
	v	5,69	5,57	5,46	5,35	5,27	5,18	5,10	5,02	4,93
900/1350	Q	5749	5636	5523	5410	5326	5241	5157	5072	4988
	v	6,18	6,06	5,94	5,82	5,72	5,63	5,54	5,45	5,36
1000/1500	Q	7643	7493	7343	7193	7081	6968	6856	6744	6631
	v	6,65	6,52	6,39	6,26	6,17	6,07	5,97	5,87	5,77
1200/1800	Q	12484	12239	11994	11749	11566	11382	11199	11015	10831
	v	7,55	7,40	7,25	7,10	6,99	6,88	6,77	6,66	6,55
1400/2100	Q	18870	18500	18130	17760	17482	17205	16927	16650	16372
	v	8,38	8,22	8,05	7,89	7,77	7,64	7,52	7,40	7,27
1600/2400	Q	26973	26444	25915	25386	24990	24593	24196	23800	23403
	v	9,17	8,99	8,81	8,63	8,50	8,36	8,23	8,09	7,96

Nr. 4. Breite

		1:24	1:25	1:26	1:27	1:28	1:29	1:30	1:31	1:32
1200/1500	Q	9947	9751	9557	9362	9215	9069	8923	8776	8630
	v	7,23	7,09	6,94	6,80	6,70	6,59	6,48	6,38	6,27
1400/1750	Q	15047	14752	14457	14162	13941	13720	13498	13277	13056
	v	8,03	7,88	7,72	7,56	7,44	7,32	7,21	7,09	6,97
1600/2000	Q	21513	21092	20670	20248	19932	19615	19299	18982	18666
	v	8,79	8,62	8,45	8,28	8,15	8,02	7,89	7,76	7,63
1800/2250	Q	29464	28887	28309	27731	27298	26865	26431	25998	25565
	v	9,51	9,33	9,14	8,95	8,81	8,68	8,54	8,40	8,26
2000/2500	Q	39010	38245	37480	36715	36142	35568	34994	34421	33847
	v	10,20	10,00	9,80	9,60	9,45	9,30	9,15	9,00	8,85
Gefälle		1:24	1:25	1:26	1:27	1:28	1:29	1:30	1:31	1:32
		$41,7^0/_{00}$	$40^0/_{00}$	$38,5^0/_{00}$	$37^0/_{00}$	$35,7^0/_{00}$	$34,5^0/_{00}$	$33,3^0/_{00}$	$32,3^0/_{00}$	$31,3^0/_{00}$

querschnitte.

1:33	1:34	1:35	1:36	1:37	1:38	1:39	1:40	1:41	Q in l/s v in m/s	Lichter Querschnitt — Breite und Höhe in mm
$30{,}3^0/_{00}$	$29{,}4^0/_{00}$	$28{,}6^0/_{00}$	$27{,}8^0/_{00}$	$27^0/_{00}$	$26{,}3^0/_{00}$	$25{,}6^0/_{00}$	$25^0/_{00}$	$24{,}4^0/_{00}$		
0,0303	0,0294	0,0286	0,0278	0,0270	0,0263	0,0256	0,0250	0,0244		
0,174	0,172	0,169	0,167	0,164	0,162	0,160	0,158	0,156		

Eiquerschnitte, $b:h = 2:3{,}5$.

1:33	1:34	1:35	1:36	1:37	1:38	1:39	1:40	1:41		Lichter Querschnitt
2049	2026	1990	1967	1931	1908	1884	1861	1837	Q	600/1050
4,15	4,10	4,03	3,98	3,91	3,86	3,81	3,77	3,72	v	
3115	3080	3026	2990	2936	2901	2865	2829	2793	Q	700/1225
4,63	4,58	4,50	4,44	4,36	4,31	4,26	4,20	4,15	v	
4474	4423	4346	4294	4217	4166	4114	4063	4011	Q	800/1400
5,09	5,03	4,94	4,89	4,80	4,74	4,68	4,62	4,56	v	
6152	6081	5975	5905	5799	5728	5657	5586	5516	Q	900/1575
5,53	5,47	5,37	5,31	5,21	5,15	5,09	5,02	4,96	v	
8174	8080	7939	7845	7704	7610	7516	7422	7328	Q	1000/1750
5,95	5,88	5,78	5,71	5,61	5,54	5,47	5,41	5,34	v	

Eiquerschnitte, $b:h = 2:3$.

1:33	1:34	1:35	1:36	1:37	1:38	1:39	1:40	1:41		Lichter Querschnitt
990	979	962	950	933	922	911	899	880	Q	500/750
3,45	3,41	3,35	3,31	3,25	3,21	3,17	3,13	3,09	v	
1630	1612	1584	1565	1537	1518	1499	1480	1462	Q	600/900
3,94	3,90	3,83	3,78	3,72	3,67	3,63	3,58	3,53	v	
2482	2453	2411	2382	2339	2311	2282	2254	2225	Q	700/1050
4,41	4,36	4,28	4,23	4,15	4,10	4,05	4,00	3,95	v	
3565	3524	3462	3421	3360	3319	3278	3237	3196	Q	800/1200
4,85	4,79	4,71	4,65	4,57	4,51	4,46	4,40	4,35	v	
4903	4847	4762	4706	4621	4565	4509	4452	4396	Q	900/1350
5,27	5,21	5,12	5,06	4,97	4,91	4,85	4,79	4,73	v	
6519	6444	6331	6256	6144	6069	5994	5919	5844	Q	1000/1500
5,68	5,61	5,51	5,45	5,35	5,28	5,22	5,15	5,09	v	
10648	10525	10342	10219	10036	9913	9791	9669	9546	Q	1200/1800
6,44	6,36	6,25	6,18	6,07	5,99	5,92	5,85	5,77	v	
16095	15910	15632	15447	15170	14985	14800	14615	14430	Q	1400/2100
7,15	7,07	6,94	6,86	6,74	6,66	6,57	6,49	6,41	v	
23006	22742	22345	22081	21684	21420	21155	20891	20626	Q	1600/2400
7,82	7,73	7,60	7,51	7,37	7,28	7,19	7,10	7,01	v	

Eiquerschnitte, $b:h = 2:2{,}5$.

1:33	1:34	1:35	1:36	1:37	1:38	1:39	1:40	1:41		Lichter Querschnitt
8484	8386	8240	8143	7996	7899	7801	7704	7606	Q	1200/1500
6,16	6,09	5,99	5,92	5,81	5,74	5,67	5,60	5,53	v	
12834	12687	12466	12318	12097	11949	11802	11654	11507	Q	1400/1750
6,85	6,77	6,66	6,58	6,46	6,38	6,30	6,22	6,14	v	
18350	18139	17822	17611	17295	17084	16873	16662	16451	Q	1600/2000
7,50	7,41	7,28	7,20	7,07	6,98	6,90	6,81	6,72	v	
25131	24842	24409	24120	23687	23398	23109	22820	22532	Q	1800/2250
8,12	8,02	7,88	7,79	7,65	7,56	7,46	7,37	7,28	v	
33273	32891	32317	31935	31361	30979	30596	30214	29831	Q	2000/2500
8,70	8,60	8,45	8,35	8,20	8,10	8,00	7,90	7,80	v	

1:33	1:34	1:35	1:36	1:37	1:38	1:39	1:40	1:41	Gefälle
$30{,}3^0/_{00}$	$29{,}4^0/_{00}$	$28{,}6^0/_{00}$	$27{,}8^0/_{00}$	$27^0/_{00}$	$26{,}3^0/_{00}$	$25{,}6^0/_{00}$	$25^0/_{00}$	$24{,}4^0/_{00}$	

Ei-

Lichter Querschnitt Breite und Höhe in mm		1 : 42 23,8⁰/₀₀	1 : 43 23,3⁰/₀₀	1 : 44 22,7⁰/₀₀	1 : 45 22,2⁰/₀₀	1 : 46 21,7⁰/₀₀	1 : 47 21,3⁰/₀₀	1 : 48 20,8⁰/₀₀	1 : 49 20,4⁰/₀₀	1 : 50 20⁰/₀₀
	Q in l/s	0,0238	0,0233	0,0227	0,0222	0,0217	0,0213	0,0208	0,0204	0,0200
	v in m/s	0,154	0,153	0,151	0,149	0,147	0,146	0,144	0,143	0,141

Nr. 2. Überhöhte

Breite und Höhe		1 : 42	1 : 43	1 : 44	1 : 45	1 : 46	1 : 47	1 : 48	1 : 49	1 : 50
600/1050	Q	1814	1802	1778	1755	1731	1719	1696	1684	1661
	v	3,67	3,63	3,60	3,55	3,50	3,48	3,43	3,41	3,36
700/1225	Q	2757	2739	2704	2668	2632	2614	2578	2560	2525
	v	4,10	4,07	4,02	3,96	3,91	3,89	3,83	3,81	3,75
800/1400	Q	3960	3934	3883	3831	3780	3754	3703	3677	3626
	v	4,51	4,48	4,42	4,36	4,30	4,27	4,21	4,18	4,13
900/1575	Q	5445	5410	5339	5268	5197	5162	5091	5056	4985
	v	4,90	4,86	4,80	4,74	4,67	4,64	4,58	4,55	4,48
1000/1750	Q	7234	7187	7093	6999	6905	6858	6765	6718	6624
	v	5,27	5,23	5,17	5,10	5,03	4,99	4,93	4,89	4,82

Nr. 3. Normale

Breite und Höhe		1 : 42	1 : 43	1 : 44	1 : 45	1 : 46	1 : 47	1 : 48	1 : 49	1 : 50
500/750	Q	876	871	859	848	837	831	820	814	802
	v	3,05	3,03	2,99	2,95	2,91	2,89	2,85	2,83	2,79
600/900	Q	1443	1434	1415	1396	1377	1368	1349	1340	1321
	v	3,49	3,47	3,42	3,38	3,33	3,31	3,26	3,24	3,20
700/1050	Q	2197	2182	2154	2125	2097	2083	2054	2040	2011
	v	3,90	3,88	3,82	3,77	3,72	3,70	3,65	3,62	3,57
800/1200	Q	3155	3135	3094	3053	3012	2991	2950	2930	2889
	v	4,29	4,26	4,21	4,15	4,10	4,07	4,01	3,99	3,93
900/1350	Q	4340	4311	4255	4199	4142	4114	4058	4030	3973
	v	4,66	4,63	4,57	4,51	4,45	4,42	4,36	4,33	4,27
1000/1500	Q	5769	5732	5657	5582	5507	5470	5395	5357	5282
	v	5,02	4,99	4,93	4,86	4,80	4,76	4,70	4,66	4,60
1200/1800	Q	9424	9363	9240	9118	8996	8934	8812	8751	8628
	v	5,70	5,66	5,59	5,51	5,44	5,40	5,33	5,29	5,22
1400/2100	Q	14245	14152	13967	13782	13597	13505	13320	13227	13042
	v	6,33	6,29	6,20	6,12	6,04	6,00	5,92	5,88	5,79
1600/2400	Q	20362	20230	19965	19701	19436	19304	19040	18908	18643
	v	6,92	6,88	6,79	6,70	6,61	6,56	6,47	6,43	6,34

Nr. 4. Breite

Breite und Höhe		1 : 42	1 : 43	1 : 44	1 : 45	1 : 46	1 : 47	1 : 48	1 : 49	1 : 50
1200/1500	Q	7509	7460	7362	7265	7167	7119	7021	6972	6875
	v	5,46	5,42	5,35	5,28	5,21	5,17	5,10	5,07	5,00
1400/1750	Q	11359	11285	11138	10990	10843	10769	10622	10548	10400
	v	6,06	6,03	5,95	5,87	5,79	5,75	5,67	5,63	5,55
1600/2000	Q	16241	16135	15924	15713	15502	15397	15186	15080	14870
	v	6,64	6,59	6,51	6,42	6,34	6,29	6,21	6,16	6,07
1800/2250	Q	22243	22098	21809	21521	21232	21087	20798	20654	20365
	v	7,18	7,14	7,04	6,95	6,86	6,81	6,72	6,67	6,58
2000/2500	Q	29449	29258	28875	28493	28110	27919	27537	27345	26963
	v	7,70	7,65	7,55	7,45	7,35	7,30	7,20	7,15	7,05

Gefälle	1 : 42 23,8⁰/₀₀	1 : 43 23,3⁰/₀₀	1 : 44 22,7⁰/₀₀	1 : 45 22,2⁰/₀₀	1 : 46 21,7⁰/₀₀	1 : 47 21,3⁰/₀₀	1 : 48 20,8⁰/₀₀	1 : 49 20,4⁰/₀₀	1 : 50 20⁰/₀₀

querschnitte.

1:55	1:60	1:65	1:70	1:75	1:80	1:85	1:90	1:95		Lichter Querschnitt
18,2‰	16,7‰	15,4‰	14,3‰	13,3‰	12,5‰	11,8‰	11,1‰	10,5‰	Q in l/s	Breite und Höhe in mm
0,0182	0,0167	0,0154	0,0143	0,0133	0,0125	0,0118	0,0111	0,0105	v in m/s	
0,1349	0,1292	0,1241	0,1196	0,1153	0,1118	0,1086	0,1054	0,1025		

Eiquerschnitte, $b:h = 2:3,5$.

1:55	1:60	1:65	1:70	1:75	1:80	1:85	1:90	1:95		Breite/Höhe
1589	1522	1462	1409	1358	1317	1279	1241	1207	Q	600/1050
3,21	3,08	2,96	2,85	2,75	2,66	2,59	2,51	2,44	v	
2415	2313	2222	2141	2064	2002	1944	1887	1835	Q	700/1225
3,59	3,44	3,30	3,18	3,07	2,97	2,89	2,80	2,73	v	
3469	3322	3191	3075	2965	2875	2793	2710	2636	Q	800/1400
3,95	3,78	3,63	3,50	3,37	3,27	3,17	3,08	3,00	v	
4770	4568	4388	4229	4077	3953	3840	3727	3624	Q	900/1575
4,29	4,11	3,95	3,80	3,67	3,55	3,45	3,35	3,26	v	
6337	6069	5830	5618	5416	5252	5102	4951	4815	Q	1000/1750
4,61	4,42	4,25	4,09	3,94	3,82	3,72	3,61	3,51	v	

Eiquerschnitte, $b:h = 2:3$.

1:55	1:60	1:65	1:70	1:75	1:80	1:85	1:90	1:95		Breite/Höhe
768	735	706	681	656	636	618	600	583	Q	500/750
2,67	2,56	2,46	2,37	2,29	2,22	2,15	2,09	2,03	v	
1264	1211	1163	1121	1080	1048	1018	988	960	Q	600/900
3,06	2,93	2,81	2,71	2,61	2,53	2,46	2,39	2,32	v	
1924	1843	1770	1706	1645	1595	1549	1503	1462	Q	700/1050
3,42	3,27	3,14	3,03	2,92	2,83	2,75	2,67	2,60	v	
2764	2647	2542	2450	2362	2290	2225	2159	2100	Q	800/1200
3,76	3,60	3,46	3,33	3,21	3,12	3,03	2,94	2,86	v	
3801	3641	3497	3370	3249	3150	3060	2970	2888	Q	900/1350
4,09	3,91	3,76	3,62	3,49	3,39	3,29	3,19	3,10	v	
5054	4840	4649	4481	4320	4188	4069	3949	3840	Q	1000/1500
4,40	4,21	4,05	3,90	3,76	3,65	3,54	3,44	3,34	v	
8255	7906	7594	7319	7056	6841	6646	6450	6272	Q	1200/1800
4,99	4,78	4,59	4,43	4,27	4,14	4,02	3,90	3,79	v	
12478	11951	11479	11063	10665	10341	10045	9749	9481	Q	1400/2100
5,54	5,31	5,10	4,91	4,74	4,59	4,46	4,33	4,21	v	
17837	17083	16409	15814	15245	14782	14359	13936	13553	Q	1600/2400
6,07	5,81	5,58	5,38	5,18	5,03	4,88	4,74	4,61	v	

Eiquerschnitte, $b:h = 2:2,5$.

1:55	1:60	1:65	1:70	1:75	1:80	1:85	1:90	1:95		Breite/Höhe
6577	6300	6051	5831	5622	5451	5295	5139	4998	Q	1200/1500
4,78	4,58	4,40	4,24	4,09	3,96	3,85	3,73	3,63	v	
9950	9530	9154	8822	8505	8246	8010	7774	7561	Q	1400/1750
5,31	5,09	4,89	4,71	4,54	4,40	4,28	4,15	4,04	v	
14227	13625	13087	12613	12159	11790	11453	11115	10809	Q	1600/2000
5,81	5,57	5,35	5,15	4,97	4,82	4,68	4,54	4,42	v	
19484	18661	17924	17274	16653	16148	15685	15223	14804	Q	1800/2250
6,29	6,03	5,79	5,58	5,38	5,21	5,07	4,92	4,78	v	
25796	24706	23731	22871	22049	21379	20767	20155	19601	Q	2000/2500
6,75	6,46	6,21	5,98	5,77	5,59	5,43	5,27	5,13	v	

1:55	1:60	1:65	1:70	1:75	1:80	1:85	1:90	1:95	Gefälle
18,2‰	16,7‰	15,4‰	14,3‰	13,3‰	12,5‰	11,8‰	11,1‰	10,5‰	

Ei-

Lichter Querschnitt Breite und Höhe in mm		1 : 100	1 : 105	1 : 110	1 : 115	1 : 120	1 : 125	1 : 130	1 : 135	1 : 140
	Q in l/s	$10,0^0/_{00}$	$9,5^0/_{00}$	$9,1^0/_{00}$	$8,7^0/_{00}$	$8,3^0/_{00}$	$8,0^0/_{00}$	$7,7^0/_{00}$	$7,4^0/_{00}$	$7,1^0/_{00}$
		0,0100	0,0095	0,0091	0,0087	0,0083	0,0080	0,0077	0,0074	0,0071
	v in m/s	0,1000	0,0975	0,0954	0,0933	0,0911	0,0894	0,0878	0,0860	0,0843

Nr. 2. Überhöhte

Querschnitt		1:100	1:105	1:110	1:115	1:120	1:125	1:130	1:135	1:140
600/1050	Q	1178	1148	1124	1099	1073	1053	1034	1013	993
	v	2,38	2,32	2,27	2,22	2,17	2,13	2,09	2,05	2,01
700/1225	Q	1791	1746	1708	1671	1631	1601	1572	1540	1509
	v	2,66	2,59	2,54	2,48	2,42	2,38	2,34	2,29	2,24
800/1400	Q	2571	2507	2453	2399	2343	2299	2258	2211	2168
	v	2,93	2,85	2,79	2,73	2,67	2,62	2,57	2,52	2,47
900/1575	Q	3536	3447	3373	3299	3221	3161	3104	3041	2981
	v	3,18	3,10	3,03	2,97	2,90	2,84	2,79	2,73	2,68
1000/1750	Q	4698	4580	4482	4383	4280	4200	4124	4040	3960
	v	3,42	3,34	3,26	3,19	3,12	3,06	3,00	2,94	2,88

Nr. 3. Normale

Querschnitt		1:100	1:105	1:110	1:115	1:120	1:125	1:130	1:135	1:140
500/750	Q	569	555	543	531	518	509	500	489	480
	v	1,98	1,93	1,89	1,85	1,81	1,77	1,74	1,70	1,67
600/900	Q	937	914	894	874	854	838	823	806	790
	v	2,27	2,21	2,16	2,11	2,06	2,03	1,99	1,95	1,91
700/1050	Q	1426	1391	1361	1331	1299	1275	1252	1227	1202
	v	2,53	2,47	2,42	2,36	2,31	2,26	2,22	2,18	2,14
800/1200	Q	2049	1997	1954	1911	1866	1832	1799	1762	1727
	v	2,79	2,72	2,66	2,60	2,54	2,49	2,45	2,40	2,35
900/1350	Q	2818	2747	2688	2629	2567	2519	2474	2423	2375
	v	3,03	2,95	2,89	2,83	2,76	2,71	2,66	2,60	2,55
1000/1500	Q	3746	3653	3574	3495	3413	3349	3289	3222	3158
	v	3,26	3,18	3,11	3,04	2,97	2,92	2,86	2,81	2,75
1200/1800	Q	6119	5966	5838	5709	5575	5471	5373	5263	5159
	v	3,70	3,61	3,53	3,45	3,37	3,31	3,25	3,18	3,12
1400/2100	Q	9250	9019	8824	8630	8427	8269	8121	7955	7798
	v	4,11	4,01	3,92	3,83	3,74	3,67	3,61	3,53	3,46
1600/2400	Q	13222	12892	12614	12336	12045	11821	11609	11371	11146
	v	4,50	4,38	4,29	4,19	4,10	4,02	3,95	3,87	3,79

Nr. 4. Breite

Querschnitt		1:100	1:105	1:110	1:115	1:120	1:125	1:130	1:135	1:140
1200/1500	Q	4876	4754	4652	4549	4442	4359	4281	4193	4110
	v	3,54	3,45	3,38	3,31	3,23	3,17	3,11	3,05	2,99
1400/1750	Q	7376	7192	7037	6882	6720	6594	6476	6343	6218
	v	3,94	3,84	3,76	3,67	3,59	3,52	3,46	3,39	3,32
1600/2000	Q	10546	10282	10061	9839	9607	9428	9259	9069	8890
	v	4,31	4,21	4,11	4,02	3,93	3,85	3,78	3,71	3,63
1800/2250	Q	14443	14082	13779	13476	13158	12912	12681	12421	12176
	v	4,66	4,55	4,45	4,35	4,25	4,17	4,09	4,01	3,93
2000/2500	Q	19123	18645	18243	17841	17421	17096	16790	16445	16120
	v	5,00	4,88	4,77	4,67	4,56	4,47	4,39	4,30	4,22

Gefälle	1 : 100	1 : 105	1 : 110	1 : 115	1 : 120	1 : 125	1 : 130	1 : 135	1 : 140
	$10,0^0/_{00}$	$9,5^0/_{00}$	$9,1^0/_{00}$	$8,7^0/_{00}$	$8,3^0/_{00}$	$8,0^0/_{00}$	$7,7^0/_{00}$	$7,4^0/_{00}$	$7,1^0/_{00}$

querschnitte.

1 : 145	1 : 150	1 : 155	1 : 160	1 : 165	1 : 170	1 : 175	1 : 180	1 : 185		Lichter Querschnitt
$6{,}9^0/_{00}$	$6{,}7^0/_{00}$	$6{,}5^0/_{00}$	$6{,}3^0/_{00}$	$6{,}1^0/_{00}$	$5{,}9^0/_{00}$	$5{,}7^0/_{00}$	$5{,}6^0/_{00}$	$5{,}4^0/_{00}$	Q in l/s	Breite und Höhe
0,0069	0,0067	0,0065	0,0063	0,0061	0,0059	0,0057	0,0056	0,0054	v in m/s	in mm
0,0831	0,0819	0,0806	0,0794	0,0781	0,0768	0,0756	0,0745	0,0735		

Eiquerschnitte, $b : h = 2 : 3{,}5$.

1 : 145	1 : 150	1 : 155	1 : 160	1 : 165	1 : 170	1 : 175	1 : 180	1 : 185		Lichter Querschnitt
979	965	949	935	920	906	890	877	866	Q	600/1050
1,98	1,95	1,92	1,89	1,86	1,83	1,80	1,78	1,75	v	
1488	1466	1443	1422	1398	1375	1354	1334	1316	Q	700/1225
2,21	2,18	2,14	2,11	2,08	2,04	2,01	1,98	1,96	v	
2137	2106	2073	2042	2008	1975	1944	1916	1890	Q	800/1400
2,43	2,40	2,36	2,32	2,29	2,25	2,21	2,18	2,15	v	
2938	2896	2850	2807	2761	2715	2673	2634	2599	Q	900/1575
2,64	2,60	2,56	2,52	2,48	2,44	2,40	2,37	2,34	v	
3904	3847	3786	3730	3669	3608	3551	3500	3453	Q	1000/1750
2,84	2,81	2,76	2,72	2,67	2,63	2,59	2,55	2,51	v	

Eiquerschnitte, $b : h = 2 : 3$.

1 : 145	1 : 150	1 : 155	1 : 160	1 : 165	1 : 170	1 : 175	1 : 180	1 : 185		Lichter Querschnitt
473	466	459	452	444	437	430	424	418	Q	500/750
1,65	1,62	1,60	1,57	1,55	1,52	1,50	1,48	1,46	v	
779	767	755	744	732	720	708	698	689	Q	600/900
1,88	1,86	1,83	1,80	1,77	1,74	1,71	1,69	1,67	v	
1185	1168	1150	1133	1114	1095	1078	1063	1048	Q	700/1050
2,10	2,07	2,04	2,01	1,98	1,95	1,91	1,89	1,86	v	
1702	1678	1651	1627	1600	1573	1549	1526	1506	Q	800/1200
2,32	2,28	2,25	2,21	2,18	2,14	2,11	2,08	2,05	v	
2342	2308	2271	2237	2201	2164	2130	2099	2071	Q	900/1350
2,52	2,48	2,44	2,41	2,37	2,33	2,29	2,26	2,23	v	
3113	3068	3020	2975	2926	2877	2832	2791	2754	Q	1000/1500
2,71	2,67	2,63	2,59	2,55	2,51	2,47	2,43	2,40	v	
5085	5012	4932	4859	4779	4700	4626	4559	4498	Q	1200/1800
3,07	3,03	2,98	2,94	2,89	2,84	2,80	2,76	2,72	v	
7687	7576	7455	7344	7224	7104	6993	6891	6799	Q	1400/2100
3,41	3,37	3,31	3,26	3,21	3,16	3,11	3,06	3,02	v	
10988	10829	10657	10498	10326	10155	9996	9850	9718	Q	1600/2400
3,74	3,68	3,62	3,57	3,51	3,45	3,40	3,35	3,30	v	

Eiquerschnitte, $b : h = 2 : 2{,}5$.

1 : 145	1 : 150	1 : 155	1 : 160	1 : 165	1 : 170	1 : 175	1 : 180	1 : 185		Lichter Querschnitt
4052	3993	3930	3871	3808	3745	3686	3632	3584	Q	1200/1500
2,94	2,90	2,86	2,81	2,77	2,72	2,68	2,64	2,60	v	
6130	6041	5945	5857	5761	5665	5576	5495	5421	Q	1400/1750
3,27	3,23	3,17	3,13	3,08	3,02	2,98	2,93	2,89	v	
8764	8637	8500	8373	8236	8099	7973	7857	7751	Q	1600/2000
3,58	3,53	3,48	3,42	3,37	3,31	3,26	3,21	3,17	v	
12002	11829	11641	11468	11280	11092	10919	10760	10616	Q	1800/2250
3,88	3,82	3,76	3,70	3,64	3,58	3,53	3,47	3,43	v	
15891	15661	15413	15183	14935	14686	14457	14246	14055	Q	2000/2500
4,16	4,10	4,03	3,97	3,91	3,84	3,78	3,73	3,68	v	

1 : 145	1 : 150	1 : 155	1 : 160	1 : 165	1 : 170	1 : 175	1 : 180	1 : 185	Gefälle
$6{,}9^0/_{00}$	$6{,}7^0/_{00}$	$6{,}5^0/_{00}$	$6{,}3^0/_{00}$	$6{,}1^0/_{00}$	$5{,}9^0/_{00}$	$5{,}7^0/_{00}$	$5{,}6^0/_{00}$	$5{,}4^0/_{00}$	

Ei-

Lichter Querschnitt		1 : 190	1 : 195	1 : 200	1 : 210	1 : 220	1 : 225	1 : 230	1 : 240	1 : 250
Breite und Höhe in mm	Q in l/s	$5,3\,^0/_{00}$	$5,1\,^0/_{00}$	$5,0\,^0/_{00}$	$4,8\,^0/_{00}$	$4,5\,^0/_{00}$	$4,4\,^0/_{00}$	$4,3\,^0/_{00}$	$4,2\,^0/_{00}$	$4,0\,^0/_{00}$
		0,0053	0,0051	0,0050	0,0048	0,0045	0,0044	0,0043	0,0042	0,0040
	v in m/s	0,0725	0,0716	0,0707	0,0690	0,0674	0,0667	0,0659	0,0646	0,0633

Nr. 2. Überhöhte

Lichter Querschnitt		1 : 190	1 : 195	1 : 200	1 : 210	1 : 220	1 : 225	1 : 230	1 : 240	1 : 250
600/1050	Q	854	843	833	813	794	786	776	761	746
	v	1,73	1,71	1,68	1,64	1,61	1,59	1,57	1,54	1,51
700/1225	Q	1298	1282	1266	1235	1207	1194	1180	1157	1133
	v	1,93	1,91	1,88	1,84	1,79	1,77	1,75	1,72	1,68
800/1400	Q	1864	1841	1818	1774	1733	1715	1695	1661	1628
	v	2,12	2,10	2,07	2,02	1,97	1,95	1,93	1,89	1,85
900/1575	Q	2563	2532	2500	2440	2383	2358	2330	2284	2238
	v	2,30	2,28	2,25	2,19	2,14	2,12	2,09	2,05	2,01
1000/1750	Q	3406	3363	3321	3241	3166	3133	3096	3035	2974
	v	2,48	2,45	2,42	2,36	2,31	2,28	2,25	2,21	2,17

Nr. 3. Normale

Lichter Querschnitt		1 : 190	1 : 195	1 : 200	1 : 210	1 : 220	1 : 225	1 : 230	1 : 240	1 : 250
500/750	Q	413	407	402	393	384	380	375	368	360
	v	1,44	1,42	1,40	1,37	1,34	1,32	1,31	1,28	1,25
600/900	Q	679	671	662	647	632	625	617	605	593
	v	1,64	1,62	1,60	1,56	1,53	1,51	1,49	1,46	1,43
700/1050	Q	1034	1021	1008	984	961	951	940	921	903
	v	1,84	1,81	1,79	1,75	1,71	1,69	1,67	1,64	1,60
800/1200	Q	1485	1467	1448	1414	1381	1366	1350	1323	1297
	v	2,02	2,00	1,97	1,92	1,88	1,86	1,84	1,80	1,76
900/1350	Q	2043	2018	1992	1944	1899	1880	1857	1820	1784
	v	2,20	2,17	2,14	2,09	2,04	2,02	2,00	1,96	1,92
1000/1500	Q	2716	2682	2649	2585	2525	2499	2469	2420	2371
	v	2,36	2,34	2,31	2,25	2,20	2,18	2,15	2,11	2,06
1200/1800	Q	4437	4381	4326	4222	4124	4082	4033	3953	3874
	v	2,68	2,65	2,62	2,55	2,49	2,47	2,44	2,39	2,34
1400/2100	Q	6706	6623	6540	6382	6234	6170	6096	5975	5855
	v	2,98	2,94	2,91	2,84	2,77	2,74	2,71	2,65	2,60
1600/2400	Q	9586	9467	9348	9123	8912	8819	8713	8541	8370
	v	3,26	3,22	3,18	3,10	3,03	3,00	2,96	2,90	2,85

Nr. 4. Breite

Lichter Querschnitt		1 : 190	1 : 195	1 : 200	1 : 210	1 : 220	1 : 225	1 : 230	1 : 240	1 : 250
1200/1500	Q	3535	3491	3447	3364	3286	3252	3213	3150	3086
	v	2,57	2,54	2,50	2,44	2,39	2,36	2,33	2,29	2,24
1400/1750	Q	5348	5281	5215	5090	4971	4920	4861	4765	4669
	v	2,86	2,82	2,78	2,72	2,65	2,63	2,60	2,54	2,49
1600/2000	Q	7646	7551	7456	7277	7108	7034	6950	6813	6675
	v	3,12	3,09	3,05	2,97	2,90	2,87	2,84	2,78	2,73
1800/2250	Q	10471	10341	10211	9966	9735	9634	9518	9330	9143
	v	3,38	3,34	3,30	3,22	3,14	3,11	3,07	3,01	2,95
2000/2500	Q	13864	13692	13520	13195	12889	12755	12602	12353	12105
	v	3,63	3,58	3,54	3,45	3,37	3,34	3,30	3,23	3,17
Gefälle		1 : 190	1 : 195	1 : 200	1 : 210	1 : 220	1 : 225	1 : 230	1 : 240	1 : 250
		$5,3\,^0/_{00}$	$5,1\,^0/_{00}$	$5,0\,^0/_{00}$	$4,8\,^0/_{00}$	$4,5\,^0/_{00}$	$4,4\,^0/_{00}$	$4,3\,^0/_{00}$	$4,2\,^0/_{00}$	$4,0\,^0/_{00}$

querschnitte.

1:260	1:270	1:280	1:290	1:300	1:310	1:320	1:330	1:340		Lichter Querschnitt
3,8‰	3,7‰	3,6‰	3,4‰	3,3‰	3,2‰	3,1‰	3,0‰	2,9‰	Q in l/s	Breite und
0,0038	0,0037	0,0036	0,0034	0,0033	0,0032	0,0031	0,0030	0,0029	v in	Höhe
0,0620	0,0609	0,0598	0,0587	0,0577	0,0568	0,0559	0,0550	0,0542	m/s	in mm

Eiquerschnitte, $b:h = 2:3,5$.

1:260	1:270	1:280	1:290	1:300	1:310	1:320	1:330	1:340		Breite und Höhe in mm
730	717	704	691	680	669	658	648	638	Q	600/1050
1,48	1,45	1,43	1,40	1,37	1,35	1,33	1,31	1,29	v	
1110	1090	1071	1051	1033	1017	1001	985	970	Q	700/1225
1,65	1,62	1,59	1,56	1,54	1,51	1,49	1,46	1,44	v	
1594	1566	1538	1509	1484	1461	1437	1414	1394	Q	800/1400
1,81	1,78	1,75	1,72	1,69	1,66	1,64	1,61	1,59	v	
2192	2153	2114	2075	2040	2008	1976	1945	1916	Q	900/1575
1,97	1,94	1,90	1,87	1,83	1,81	1,78	1,75	1,72	v	
2913	2861	2809	2757	2711	2668	2626	2584	2546	Q	1000/1750
2,12	2,08	2,05	2,01	1,97	1,94	1,91	1,88	1,85	v	

Eiquerschnitte, $b:h = 2:3$.

1:260	1:270	1:280	1:290	1:300	1:310	1:320	1:330	1:340		Breite und Höhe in mm
353	347	340	334	328	323	318	313	308	Q	500/750
1,23	1,21	1,19	1,16	1,14	1,13	1,11	1,09	1,07	v	
581	571	560	550	541	532	524	515	508	Q	600/900
1,40	1,38	1,36	1,33	1,31	1,29	1,27	1,25	1,23	v	
884	869	853	837	823	810	797	785	773	Q	700/1050
1,57	1,54	1,51	1,49	1,46	1,44	1,42	1,39	1,37	v	
1270	1248	1225	1203	1182	1164	1145	1127	1110	Q	800/1200
1,73	1,70	1,67	1,64	1,61	1,58	1,56	1,53	1,51	v	
1747	1716	1685	1654	1626	1601	1575	1550	1527	Q	900/1350
1,88	1,84	1,81	1,78	1,75	1,72	1,69	1,67	1,64	v	
2323	2282	2240	2199	2162	2128	2094	2061	2031	Q	1000/1500
2,02	1,99	1,95	1,91	1,88	1,85	1,82	1,79	1,77	v	
3794	3727	3659	3592	3531	3476	3421	3366	3317	Q	1200/1800
2,29	2,25	2,21	2,17	2,13	2,10	2,07	2,04	2,01	v	
5735	5633	5531	5430	5337	5254	5171	5087	5013	Q	1400/2100
2,55	2,50	2,46	2,41	2,37	2,33	2,30	2,26	2,23	v	
8198	8052	7907	7761	7629	7510	7391	7272	7166	Q	1600/2400
2,79	2,74	2,69	2,64	2,59	2,55	2,51	2,47	2,44	v	

Eiquerschnitte, $b:h = 2:2,5$.

1:260	1:270	1:280	1:290	1:300	1:310	1:320	1:330	1:340		Breite und Höhe in mm
3023	2969	2916	2862	2813	2769	2726	2682	2643	Q	1200/1500
2,20	2,16	2,12	2,08	2,04	2,01	1,98	1,95	1,92	v	
4573	4492	4411	4330	4256	4190	4123	4057	3998	Q	1400/1750
2,44	2,40	2,35	2,31	2,27	2,24	2,20	2,17	2,13	v	
6538	6422	6306	6190	6085	5990	5895	5800	5716	Q	1600/2000
2,67	2,62	2,58	2,53	2,49	2,45	2,41	2,37	2,34	v	
8955	8796	8637	8478	8334	8204	8074	7944	7828	Q	1800/2250
2,89	2,84	2,79	2,74	2,69	2,65	2,61	2,57	2,53	v	
11856	11646	11435	11225	11034	10862	10690	10517	10364	Q	2000/2500
3,10	3,05	2,99	2,94	2,89	2,84	2,80	2,75	2,71	v	

1:260	1:270	1:280	1:290	1:300	1:310	1:320	1:330	1:340	Gefälle
3,8‰	3,7‰	3,6‰	3,4‰	3,3‰	3,2‰	3,1‰	3,0‰	2,9‰	

Ei-

Lichter Querschnitt / Breite und Höhe in mm		1 : 350 2,86°/₀₀	1 : 360 2,78°/₀₀	1 : 370 2,70°/₀₀	1 : 380 2,63°/₀₀	1 : 390 2,56°/₀₀	1 : 400 2,50°/₀₀	1 : 410 2,44°/₀₀	1 : 420 2,38°/₀₀	1 : 430 2,33°/₀₀
Q in l/s		0,00286	0,00278	0,00270	0,00263	0,00256	0,00250	0,00244	0,00238	0,00233
v in m/s		0,0535	0,0527	0,0520	0,0513	0,0506	0,0500	0,0494	0,0488	0,0482
Nr. 2. Überhöhte										
600/1050	Q	630	621	612	604	596	589	582	575	568
	v	1,27	1,26	1,24	1,22	1,21	1,19	1,18	1,16	1,15
700/1225	Q	958	944	931	919	906	895	885	874	863
	v	1,42	1,40	1,38	1,37	1,35	1,33	1,31	1,30	1,28
800/1400	Q	1376	1355	1337	1319	1301	1286	1270	1255	1239
	v	1,57	1,54	1,52	1,50	1,48	1,46	1,45	1,43	1,41
900/1575	Q	1892	1863	1839	1814	1789	1768	1747	1725	1704
	v	1,70	1,68	1,65	1,63	1,61	1,59	1,57	1,55	1,53
1000/1750	Q	2513	2476	2443	2410	2377	2349	2321	2292	2264
	v	1,83	1,80	1,78	1,75	1,73	1,71	1,69	1,67	1,65
Nr. 3. Normale										
500/750	Q	304	300	296	292	288	285	281	278	274
	v	1,06	1,04	1,03	1,02	1,00	0,99	0,98	0,97	0,96
600/900	Q	501	494	487	481	474	469	463	457	452
	v	1,21	1,19	1,18	1,16	1,15	1,13	1,12	1,11	1,09
700/1050	Q	763	752	742	732	722	713	705	696	688
	v	1,36	1,33	1,32	1,30	1,28	1,27	1,25	1,24	1,22
800/1200	Q	1096	1080	1065	1051	1037	1024	1012	1000	987
	v	1,49	1,47	1,45	1,43	1,41	1,39	1,38	1,36	1,34
900/1350	Q	1508	1485	1465	1446	1426	1409	1392	1375	1358
	v	1,62	1,60	1,58	1,55	1,53	1,51	1,50	1,48	1,46
1000/1500	Q	2004	1974	1948	1922	1896	1873	1851	1828	1806
	v	1,75	1,72	1,70	1,67	1,65	1,63	1,61	1,59	1,57
1200/1800	Q	3274	3225	3182	3139	3096	3060	3023	2986	2950
	v	1,98	1,95	1,92	1,90	1,87	1,85	1,83	1,81	1,78
1400/2100	Q	4949	4875	4810	4745	4680	4625	4569	4514	4458
	v	2,20	2,17	2,14	2,11	2,08	2,05	2,03	2,01	1,98
1600/2400	Q	7074	6968	6875	6783	6690	6611	6532	6452	6373
	v	2,41	2,37	2,34	2,31	2,27	2,25	2,22	2,19	2,17
Nr. 4. Breite										
1200/1500	Q	2609	2570	2535	2501	2467	2438	2409	2379	2350
	v	1,90	1,87	1,84	1,82	1,79	1,77	1,75	1,73	1,71
1400/1750	Q	3946	3887	3836	3784	3732	3688	3644	3600	3555
	v	2,11	2,08	2,05	2,02	1,99	1,97	1,95	1,92	1,90
1600/2000	Q	5642	5558	5484	5410	5336	5273	5210	5146	5083
	v	2,31	2,27	2,24	2,21	2,18	2,16	2,13	2,10	2,08
1800/2250	Q	7727	7612	7511	7409	7308	7222	7135	7048	6962
	v	2,50	2,46	2,43	2,39	2,36	2,33	2,30	2,28	2,25
2000/2500	Q	10231	10078	9944	9810	9676	9561	9447	9332	9217
	v	2,68	2,64	2,60	2,57	2,53	2,50	2,47	2,44	2,41
Gefälle		1 : 350 2,86°/₀₀	1 : 360 2,78°/₀₀	1 : 370 2,70°/₀₀	1 : 380 2,63°/₀₀	1 : 390 2,56°/₀₀	1 : 400 2,50°/₀₀	1 : 410 2,44°/₀₀	1 : 420 2,38°/₀₀	1 : 430 2,33°/₀₀

querschnitte.

1:440	1:450	1:460	1:470	1:480	1:490	1:500	1:525	1:550		Lichter Querschnitt
$2{,}27^0/_{00}$	$2{,}22^0/_{00}$	$2{,}17^0/_{00}$	$2{,}13^0/_{00}$	$2{,}08^0/_{00}$	$2{,}04^0/_{00}$	$2{,}00^0/_{00}$	$1{,}90^0/_{00}$	$1{,}82^0/_{00}$	Q in l/s	
0,00227	0,00222	0,00217	0,00213	0,00208	0,00204	0,00200	0,00190	0,00182		Breite und Höhe in mm
0,0477	0,0471	0,0466	0,0461	0,0456	0,0452	0,0447	0,0436	0,0426	v in m/s	

Eiquerschnitte, $b:h = 2:3{,}5$.

1:440	1:450	1:460	1:470	1:480	1:490	1:500	1:525	1:550		
562	555	549	543	537	532	526	513	502	Q	600/1050
1,14	1,12	1,11	1,10	1,09	1,08	1,07	1,04	1,02	v	
854	843	834	825	816	809	800	781	763	Q	700/1225
1,27	1,25	1,24	1,23	1,21	1,20	1,19	1,16	1,13	v	
1227	1211	1198	1185	1173	1162	1149	1121	1095	Q	800/1400
1,40	1,38	1,36	1,35	1,33	1,32	1,31	1,28	1,25	v	
1687	1665	1648	1630	1612	1598	1580	1542	1506	Q	900/1575
1,52	1,50	1,48	1,47	1,45	1,44	1,42	1,39	1,35	v	
2241	2213	2189	2166	2142	2123	2100	2048	2001	Q	1000/1750
1,63	1,61	1,59	1,58	1,56	1,55	1,53	1,49	1,46	v	

Eiquerschnitte, $b:h = 2:3$.

1:440	1:450	1:460	1:470	1:480	1:490	1:500	1:525	1:550		
271	268	265	262	260	257	254	248	242	Q	500/750
0,95	0,93	0,92	0,91	0,90	0,90	0,89	0,86	0,84	v	
447	441	437	432	427	424	419	409	399	Q	600/900
1,08	1,07	1,06	1,04	1,03	1,02	1,01	0,99	0,97	v	
680	672	665	658	650	645	638	622	608	Q	700/1050
1,21	1,19	1,18	1,17	1,16	1,14	1,13	1,10	1,08	v	
977	965	955	944	934	926	916	893	873	Q	800/1200
1,33	1,31	1,30	1,28	1,27	1,26	1,25	1,22	1,19	v	
1344	1327	1313	1299	1285	1274	1260	1229	1200	Q	900/1350
1,44	1,43	1,41	1,40	1,38	1,37	1,35	1,32	1,29	v	
1787	1765	1746	1727	1708	1693	1675	1633	1596	Q	1000/1500
1,56	1,54	1,52	1,50	1,49	1,47	1,46	1,42	1,39	v	
2919	2882	2852	2821	2790	2766	2735	2668	2607	Q	1200/1800
1,76	1,74	1,72	1,71	1,69	1,67	1,65	1,61	1,58	v	
4412	4357	4310	4264	4218	4181	4135	4033	3940	Q	1400/2100
1,96	1,94	1,91	1,89	1,87	1,86	1,84	1,80	1,75	v	
6307	6228	6161	6095	6029	5976	5910	5765	5633	Q	1600/2400
2,14	2,12	2,10	2,07	2,05	2,03	2,01	1,96	1,92	v	

Eiquerschnitte, $b:h = 2:2{,}5$.

1:440	1:450	1:460	1:470	1:480	1:490	1:500	1:525	1:550		
2326	2297	2272	2248	2223	2204	2179	2126	2077	Q	1200/1500
1,69	1,67	1,65	1,63	1,62	1,60	1,58	1,54	1,51	v	
3518	3474	3437	3400	3364	3334	3297	3216	3142	Q	1400/1750
1,88	1,85	1,84	1,82	1,80	1,78	1,76	1,72	1,68	v	
5030	4967	4914	4862	4809	4767	4714	4598	4493	Q	1600/2000
2,06	2,03	2,01	1,99	1,97	1,95	1,93	1,88	1,84	v	
6889	6803	6731	6658	6586	6528	6456	6297	6153	Q	1800/2250
2,22	2,20	2,17	2,15	2,13	2,11	2,08	2,03	1,99	v	
9121	9007	8911	8816	8720	8643	8548	8337	8146	Q	2000/2500
2,39	2,36	2,33	2,31	2,28	2,26	2,24	2,18	2,13	v	

1:440	1:450	1:460	1:470	1:480	1:490	1:500	1:525	1:550	Gefälle
$2{,}27^0/_{00}$	$2{,}22^0/_{00}$	$2{,}17^0/_{00}$	$2{,}13^0/_{00}$	$2{,}08^0/_{00}$	$2{,}04^0/_{00}$	$2{,}00^0/_{00}$	$1{,}90^0/_{00}$	$1{,}82^0/_{00}$	

Ei-

Lichter Querschnitt Breite und Höhe in mm		1 : 575 1,74⁰/₀₀	1 : 600 1,67⁰/₀₀	1 : 650 1,54⁰/₀₀	1 : 700 1,43⁰/₀₀	1 : 750 1,33⁰/₀₀	1 : 800 1,25⁰/₀₀	1 : 850 1,18⁰/₀₀	1 : 900 1,11⁰/₀₀	1 : 950 1,05⁰/₀₀
	Q in l/s	0,00174	0,00167	0,00154	0,00143	0,00133	0,00125	0,00118	0,00111	0,00105
	v in m/s	0,0417	0,0408	0,0392	0,0378	0,0365	0,0354	0,0343	0,0333	0,0324

Nr. 2. Überhöhte

Breite/Höhe		1 : 575	1 : 600	1 : 650	1 : 700	1 : 750	1 : 800	1 : 850	1 : 900	1 : 950
600/1050	Q	491	481	462	445	430	417	404	392	382
	v	0,99	0,97	0,93	0,90	0,87	0,84	0,82	0,79	0,77
700/1225	Q	747	731	702	677	654	634	614	596	580
	v	1,11	1,09	1,04	1,01	0,97	0,94	0,91	0,89	0,86
800/1400	Q	1072	1049	1008	972	939	910	882	856	833
	v	1,22	1,19	1,15	1,11	1,07	1,04	1,00	0,97	0,95
900/1575	Q	1474	1443	1386	1336	1291	1252	1213	1177	1146
	v	1,33	1,30	1,25	1,20	1,16	1,13	1,09	1,06	1,03
1000/1750	Q	1959	1917	1841	1776	1715	1663	1611	1564	1522
	v	1,43	1,40	1,34	1,29	1,25	1,21	1,17	1,14	1,11

Nr. 3. Normale

Breite/Höhe		1 : 575	1 : 600	1 : 650	1 : 700	1 : 750	1 : 800	1 : 850	1 : 900	1 : 950
500/750	Q	237	232	223	215	208	201	195	190	184
	v	0,83	0,81	0,78	0,75	0,72	0,70	0,68	0,66	0,64
600/900	Q	391	382	367	354	342	332	321	312	304
	v	0,94	0,92	0,89	0,86	0,83	0,80	0,78	0,75	0,73
700/1050	Q	595	582	559	539	521	505	489	475	462
	v	1,06	1,03	0,99	0,96	0,92	0,90	0,87	0,84	0,82
800/1200	Q	854	836	803	774	748	725	703	682	664
	v	1,16	1,14	1,09	1,05	1,02	0,99	0,96	0,93	0,90
900/1350	Q	1175	1150	1105	1065	1029	998	967	938	913
	v	1,26	1,24	1,19	1,14	1,11	1,07	1,04	1,01	0,98
1000/1500	Q	1562	1529	1469	1416	1367	1326	1285	1248	1214
	v	1,36	1,33	1,28	1,23	1,19	1,15	1,12	1,09	1,06
1200/1800	Q	2552	2497	2399	2313	2234	2166	2099	2038	1983
	v	1,54	1,51	1,45	1,40	1,35	1,31	1,27	1,23	1,20
1400/2100	Q	3857	3774	3626	3496	3376	3274	3173	3080	2997
	v	1,71	1,68	1,61	1,55	1,50	1,45	1,41	1,37	1,33
1600/2400	Q	5514	5395	5183	4998	4826	4681	4535	4403	4284
	v	1,87	1,83	1,76	1,70	1,64	1,59	1,54	1,50	1,46

Nr. 4. Breite

Breite/Höhe		1 : 575	1 : 600	1 : 650	1 : 700	1 : 750	1 : 800	1 : 850	1 : 900	1 : 950
1200/1500	Q	2033	1989	1911	1843	1780	1726	1672	1624	1580
	v	1,48	1,45	1,39	1,34	1,29	1,25	1,22	1,18	1,15
1400/1750	Q	3076	3009	2891	2788	2692	2611	2530	2456	2390
	v	1,64	1,61	1,54	1,49	1,44	1,39	1,35	1,33	1,28
1600/2000	Q	4398	4303	4134	3986	3849	3733	3617	3512	3417
	v	1,80	1,76	1,69	1,63	1,57	1,53	1,48	1,44	1,40
1800/2250	Q	6023	5893	5662	5460	5272	5113	4954	4810	4680
	v	1,94	1,90	1,83	1,76	1,70	1,65	1,60	1,55	1,51
2000/2500	Q	7974	7802	7496	7228	6980	6769	6559	6368	6196
	v	2,09	2,04	1,96	1,89	1,83	1,77	1,72	1,67	1,62
Gefälle		1 : 575 1,74⁰/₀₀	1 : 600 1,67⁰/₀₀	1 : 650 1,54⁰/₀₀	1 : 700 1,43⁰/₀₀	1 : 750 1,33⁰/₀₀	1 : 800 1,25⁰/₀₀	1 : 850 1,18⁰/₀₀	1 : 900 1,11⁰/₀₀	1 : 950 1,05⁰/₀₀

querschnitte.

1:1000	1:1100	1:1200	1:1300	1:1400	1:1500	1:1600	1:1700	1:1800	Q in l/s v in m/s	Lichter Querschnitt Breite und Höhe in mm
1,00⁰/₀₀	0,91⁰/₀₀	0,83⁰/₀₀	0,77⁰/₀₀	0,71⁰/₀₀	0,67⁰/₀₀	0,63⁰/₀₀	0,59⁰/₀₀	0,56⁰/₀₀		
0,00100	0,00091	0,00083	0,00077	0,00071	0,00067	0,00063	0,00059	0,00056		
0,0316	0,0302	0,0288	0,0277	0,0267	0,0258	0,0250	0,0243	0,0236		

Eiquerschnitte, $b:h = 2:3,5$

1:1000	1:1100	1:1200	1:1300	1:1400	1:1500	1:1600	1:1700	1:1800		Breite und Höhe in mm
372	356	339	326	314	304	294	286	278	Q	600/1050
0,75	0,72	0,69	0,66	0,64	0,61	0,60	0,58	0,56	v	
566	541	516	496	478	462	448	435	423	Q	700/1225
0,84	0,80	0,77	0,74	0,71	0,69	0,67	0,65	0,63	v	
813	777	741	712	687	663	643	625	607	Q	800/1400
0,92	0,88	0,84	0,81	0,78	0,75	0,73	0,71	0,69	v	
1117	1068	1018	979	944	912	884	859	834	Q	900/1575
1,00	0,96	0,92	0,88	0,85	0,82	0,79	0,77	0,75	v	
1484	1419	1353	1301	1254	1212	1174	1142	1109	Q	1000/1750
1,08	1,03	0,99	0,95	0,91	0,88	0,86	0,83	0,81	v	

Eiquerschnitte, $b:h = 2:3.$

1:1000	1:1100	1:1200	1:1300	1:1400	1:1500	1:1600	1:1700	1:1800		Breite und Höhe in mm
180	172	164	158	152	147	142	138	134	Q	500/750
0,63	0,59	0,57	0,55	0,53	0,51	0,50	0,48	0,47	v	
296	283	270	260	250	242	234	228	221	Q	600/900
0,72	0,68	0,65	0,63	0,61	0,59	0,57	0,55	0,53	v	
451	431	411	395	381	368	357	347	337	Q	700/1050
0,80	0,76	0,73	0,70	0,68	0,65	0,63	0,62	0,60	v	
647	619	590	567	547	529	512	498	483	Q	800/1200
0,88	0,84	0,80	0,77	0,74	0,72	0,70	0,68	0,66	v	
890	851	812	781	752	727	704	685	665	Q	900/1350
0,96	0,92	0,87	0,84	0,81	0,78	0,76	0,74	0,72	v	
1184	1131	1079	1038	1000	967	937	910	884	Q	1000/1500
1,03	0,99	0,94	0,90	0,87	0,84	0,82	0,79	0,77	v	
1934	1848	1762	1695	1634	1579	1530	1487	1444	Q	1200/1800
1,17	1,12	1,07	1,02	0,99	0,95	0,93	0,90	0,87	v	
2923	2793	2664	2562	2470	2386	2312	2248	2183	Q	1400/2100
1,30	1,24	1,18	1,14	1,10	1,06	1,03	1,00	0,97	v	
4178	3993	3808	3663	3530	3411	3306	3213	3120	Q	1600/2400
1,42	1,36	1,30	1,25	1,20	1,16	1,12	1,09	1,06	v	

Eiquerschnitte, $b:h = 2:2,5.$

1:1000	1:1100	1:1200	1:1300	1:1400	1:1500	1:1600	1:1700	1:1800		Breite und Höhe in mm
1541	1472	1404	1351	1302	1258	1219	1185	1151	Q	1200/1500
1,12	1,07	1,02	0,98	0,95	0,91	0,89	0,86	0,84	v	
2331	2228	2124	2043	1969	1903	1844	1792	1741	Q	1400/1750
1,24	1,19	1,13	1,09	1,05	1,02	0,98	0,96	0,93	v	
3332	3185	3037	2921	2816	2721	2636	2563	2489	Q	1600/2000
1,36	1,30	1,24	1,19	1,15	1,11	1,08	1,05	1,02	v	
4564	4362	4160	4001	3856	3726	3611	3510	3409	Q	1800/2250
1,47	1,41	1,34	1,29	1,25	1,20	1,17	1,13	1,10	v	
6043	5775	5507	5297	5106	4934	4781	4647	4513	Q	2000/2500
1,58	1,51	1,44	1,39	1,34	1,29	1,25	1,22	1,18	v	

1:1000	1:1100	1:1200	1:1300	1:1400	1:1500	1:1600	1:1700	1:1800	Gefälle
1,00⁰/₀₀	0,91⁰/₀₀	0,83⁰/₀₀	0,77⁰/₀₀	0,71⁰/₀₀	0,67⁰/₀₀	0,63⁰/₀₀	0,59⁰/₀₀	0,56⁰/₀₀	

Ei-

Lichter Querschnitt		1:1900	1:2000	1:2100	1:2200	1:2300	1:2400	1:2500	1:2600	1:2700
Breite und Höhe in mm	Q in l/s	$0,53^0/_{00}$	$0,50^0/_{00}$	$0,48^0/_{00}$	$0,45^0/_{00}$	$0,43^0/_{00}$	$0,42^0/_{00}$	$0,40^0/_{00}$	$0,38^0/_{00}$	$0,37^0/_{00}$
		0,00053	0,00050	0,00048	0,00045	0,00043	0,00042	0,00040	0,00038	0,00037
	v in m/s	0,0229	0,0224	0 0218	0,0213	0,0209	0,0204	0,0200	0,0196	0,0192

Nr. 2. Überhöhte

Breite/Höhe		1:1900	1:2000	1:2100	1:2200	1:2300	1:2400	1:2500	1:2600	1:2700
600/1050	Q	270	264	257	251	246	241	236	231	226
	v	0,55	0,53	0,52	0,51	0,50	0,49	0,48	0,47	0,46
700/1225	Q	410	401	390	381	374	365	358	351	344
	v	0,61	0,60	0,58	0,57	0,56	0,54	0,53	0,52	0,51
800/1400	Q	589	576	561	548	537	525	514	504	494
	v	0,67	0,66	0,64	0,62	0,61	0,60	0,59	0,57	0,56
900/1575	Q	810	792	771	753	739	721	707	693	679
	v	0,73	0,71	0,69	0,68	0,66	0,65	0,64	0,62	0,61
1000/1750	Q	1076	1052	1024	1001	982	958	940	921	902
	v	0,78	0,77	0,75	0,73	0,71	0,70	0,68	0,67	0,66

Nr. 3. Normale

Breite/Höhe		1:1900	1:2000	1:2100	1:2200	1:2300	1:2400	1:2500	1:2600	1:2700
500/750	Q	130	127	124	121	119	116	113	112	109
	v	0,45	0,44	0,43	0,42	0,41	0,40	0,40	0,39	0,38
600/900	Q	215	210	204	200	196	191	187	184	180
	v	0,52	0,51	0,49	0,48	0,47	0,46	0,45	0,44	0,44
700/1050	Q	327	320	311	304	298	291	285	280	274
	v	0,58	0,57	0,55	0,54	0,53	0,52	0,51	0,50	0,49
800/1200	Q	469	459	447	436	428	418	410	402	393
	v	0,64	0,62	0,61	0,59	0,58	0,57	0,56	0,55	0,54
900/1350	Q	645	631	614	600	589	575	564	552	541
	v	0,69	0,68	0,66	0,65	0,63	0,62	0,61	0,59	0,58
1000/1500	Q	858	839	817	798	783	764	749	734	719
	v	0,75	0,73	0,71	0,69	0,68	0,67	0,65	0,64	0,63
1200/1800	Q	1401	1371	1334	1303	1279	1248	1224	1199	1175
	v	0,85	0,83	0,81	0,79	0,77	0,75	0,74	0,73	0,71
1400/2100	Q	2118	2072	2016	1970	1933	1887	1850	1813	1776
	v	0,94	0,92	0,90	0,88	0,86	0,84	0,82	0,81	0,79
1600/2400	Q	3028	2962	2882	2816	2763	2697	2644	2592	2539
	v	1,03	1,01	0,98	0,96	0,94	0,92	0,90	0,88	0,86

Nr. 4. Breite

Breite/Höhe		1:1900	1:2000	1:2100	1:2200	1:2300	1:2400	1:2500	1:2600	1:2700
1200/1500	Q	1117	1092	1063	1039	1019	995	975	956	936
	v	0,81	0,79	0,77	0,75	0,74	0,72	0,71	0,69	0,68
1400/1750	Q	1689	1652	1608	1571	1541	1505	1475	1446	1416
	v	0,90	0,88	0,86	0,84	0,82	0,80	0,79	0,77	0,76
1600/2000	Q	2415	2362	2299	2246	2204	2151	2109	2067	2025
	v	0,99	0,97	0,94	0,92	0,90	0,88	0,86	0,84	0,83
1800/2250	Q	3308	3235	3149	3076	3019	2946	2889	2831	2773
	v	1,07	1,05	1,02	0,99	0,97	0,95	0,93	0,91	0,90
2000/2500	Q	4379	4283	4169	4073	3997	3901	3825	3748	3672
	v	1,15	1,12	1,09	1,07	1,05	1,02	1,00	0,98	0,96
Gefälle		1:1900	1:2000	1:2100	1:2200	1:2300	1:2400	1:2500	1:2600	1:2700
		$0,53^0/_{00}$	$0,50^0/_{00}$	$0,48^0/_{00}$	$0,45^0/_{00}$	$0,43^0/_{00}$	$0,42^0/_{00}$	$0,40^0/_{00}$	$0,38^0/_{00}$	$0,37^0/_{00}$

querschnitte.

1:2800	1:2900	1:3000	1:3500	1:4000	1:4500	1:5000	1:6000	1:10000		Lichter Querschnitt
0,36‰	0,34‰	0,33‰	0,29‰	0,25‰	0,22‰	0,20‰	0,17‰	0,10‰	Q in l/s	Breite und Höhe in mm
0,00036	0,00034	0,00033	0,00029	0,00025	0,00022	0,00020	0,00017	0,00010		
0,0189	0,0186	0,0183	0,0169	0,0158	0,0149	0,0141	0,01292	0,01000	v in m/s	

Eiquerschnitte, $b:h = 2:3,5$.

1:2800	1:2900	1:3000	1:3500	1:4000	1:4500	1:5000	1:6000	1:10000		Lichter Querschnitt
226	219	216	199	186	175	166	152	118	Q	600/1050
0,45	0,44	0,44	0,40	0,38	0,36	0,34	0,31	0,24	v	
338	333	328	303	283	267	252	231	179	Q	700/1225
0,50	0,49	0,49	0,45	0,42	0,40	0,38	0,34	0,27	v	
486	478	471	435	406	383	363	332	257	Q	800/1400
0,55	0,54	0,54	0,49	0,46	0,44	0,41	0,38	0,29	v	
668	658	647	598	559	527	499	457	354	Q	900/1575
0,60	0,59	0,58	0,54	0,50	0,47	0,45	0,41	0,32	v	
888	874	860	794	742	700	662	607	470	Q	1000/1750
0,65	0,64	0,63	0,58	0,54	0,51	0,48	0,44	0,34	v	

Eiquerschnitte, $b:h = 2:3$.

1:2800	1:2900	1:3000	1:3500	1:4000	1:4500	1:5000	1:6000	1:10000		Lichter Querschnitt
108	106	104	96	90	85	80	74	57	Q	500/750
0,37	0,37	0,36	0,33	0,31	0,30	0,28	0,26	0,20	v	
177	174	171	158	148	140	132	121	94	Q	600/900
0,43	0,42	0,41	0,38	0,36	0,34	0,32	0,29	0,23	v	
270	265	261	241	225	213	201	184	143	Q	700/1050
0,48	0,47	0,46	0,43	0,40	0,38	0,36	0,33	0,25	v	
387	381	375	346	324	305	289	265	205	Q	800/1200
0,53	0,52	0,51	0,47	0,44	0,42	0,39	0,36	0,28	v	
533	524	516	476	445	420	397	364	282	Q	900/1350
0,57	0,56	0,55	0,51	0,48	0,45	0,43	0,39	0,30	v	
708	697	686	633	592	558	528	484	375	Q	1000/1500
0,62	0,61	0,60	0,55	0,52	0,49	0,46	0,42	0,33	v	
1157	1138	1120	1034	967	912	863	791	612	Q	1200/1800
0,70	0,69	0,68	0,63	0,58	0,55	0,52	0,48	0,37	v	
1748	1720	1693	1563	1461	1378	1304	1195	925	Q	1400/2100
0,78	0,76	0,75	0,69	0,65	0,61	0,58	0,53	0,41	v	
2499	2459	2420	2235	2089	1970	1864	1708	1322	Q	1600/2400
0,85	0,84	0,82	0,76	0,71	0,67	0,63	0,58	0,45	v	

Eiquerschnitte, $b:h = 2:2,5$.

1:2800	1:2900	1:3000	1:3500	1:4000	1:4500	1:5000	1:6000	1:10000		Lichter Querschnitt
922	907	892	824	770	726	687	630	487	Q	1200/1500
0,67	0,66	0,65	0,60	0,56	0,53	0,50	0,46	0,35	v	
1394	1372	1350	1247	1165	1099	1040	953	738	Q	1400/1750
0,74	0,73	0,72	0,67	0,62	0,59	0,56	0,51	0,39	v	
1993	1962	1930	1782	1666	1571	1487	1363	1055	Q	1600/2000
0,81	0,80	0,79	0,73	0,68	0,64	0,61	0,56	0,43	v	
2730	2687	2643	2441	2282	2152	2036	1866	1444	Q	1800/2250
0,88	0,87	0,85	0,79	0,74	0,69	0,66	0,60	0,47	v	
3614	3557	3499	3232	3021	2849	2696	2471	1912	Q	2000/2500
0,95	0,93	0,92	0,85	0,79	0,75	0,71	0,65	0,50	v	

1:2800	1:2900	1:3000	1:3500	1:4000	1:4500	1:5000	1:6000	1:10000	Gefälle
0,36‰	0,34‰	0,33‰	0,29‰	0,25‰	0,22‰	0,20‰	0,17‰	0,10‰	

Gedrückte Ei-,

Lichter Querschnitt Breite und Höhe in mm		Lichter Querschnitt		Hydraul. Radius $R=\dfrac{\text{Fläche}}{\text{Umfang}}$ in m	$Q_1=F\cdot\dfrac{a\cdot R}{b+\sqrt{R}}$ in l/s; $v_1=\dfrac{a\cdot R}{b+\sqrt{R}}$ in m/s	1 : 10 $100^0/_{00}$ $J=0,100$ $\sqrt{J}=0,316$	1 : 15 $67^0/_{00}$ 0,067 0,258	1 : 20 $50,0^0/_{00}$ 0,050 0,224	1 : 25 $40,0^0/_{00}$ 0,0400 0,200	1 : 30 $33,3^0/_{00}$ 0,0333 0,183
	Q in l/s, v in m/s	Fläche F in m²	Umfang U in m							

Nr. 5. Gedrückte

Breite/Höhe		Fläche F	Umfang U	R	Q_1 / v_1	1:10	1:15	1:20	1:25	1:30
1200/1200	Q	1,1149	3,7716	0,2956	36362	11490	9381	8145	7272	6654
	v				32,61	10,30	8,41	7,30	6,52	5,97
1400/1400	Q	1,5175	4,4002	0,3449	55841	17646	14407	12508	11168	10219
	v				36,80	11,63	9,49	8,24	7,36	6,73
1600/1600	Q	1,9821	5,0288	0,3942	79903	25249	20615	17898	15981	14622
	v				40,31	12,74	10,40	9,03	8,06	7,38
1800/1800	Q	2,5086	5,6574	0,4434	109491	34599	28249	24526	21898	20037
	v				43,65	13,79	11,26	9,78	8,73	7,99
2000/2000	Q	3,0970	6,2860	0,4927	145058	45838	37425	32493	29012	26546
	v				46,84	14,80	12,08	10,49	9,37	8,57
2400/2400	Q	4,4597	7,5432	0,5912	235642	74463	60796	52784	47128	43122
	v				52,84	16,70	13,63	11,84	10,57	9,67
2800/2800	Q	6,0701	8,8004	0,6898	354681	112079	91508	79449	70936	64907
	v				58,43	18,46	15,07	13,09	11,69	10,69
3200/3200	Q	7,9283	10,0576	0,7883	504894	159547	130263	113096	100979	92396
	v				63,68	20,12	16,43	14,26	12,74	11,65

Nr. 6. Normale

Breite/Höhe		Fläche F	Umfang U	R	Q_1 / v_1	1:10	1:15	1:20	1:25	1:30
1600/1200	Q	1,5219	4,4824	0,3395	55402	17507	14294	12410	11080	10139
	v				36,40	11,50	9,39	8,15	7,28	6,66
2000/1500	Q	2,3780	5,6030	0,4244	100774	31845	26000	22573	20155	18442
	v				42,38	13,39	10,93	9,49	8,48	7,76
2400/1800	Q	3,4243	6,7236	0,5093	163963	51812	42302	36728	32792	30005
	v				47,88	15,13	12,35	10,73	9,58	8,76
2800/2100	Q	4,6609	7,8442	0,5942	247092	78081	63750	55349	49418	45218
	v				53,01	16,75	13,68	11,87	10,60	9,70
3200/2400	Q	6,0877	8,9648	0,6790	352088	111260	90839	78868	70418	64432
	v				57,84	18,28	14,92	12,96	11,57	10,58
3600/2700	Q	7,7047	10,0854	0,7639	480843	151946	124057	107709	96169	87994
	v				62,41	19,72	16,10	13,98	12,48	11,42

Nr. 7. Gedrückte

Breite/Höhe		Fläche F	Umfang U	R	Q_1 / v_1	1:10	1:15	1:20	1:25	1:30
2000/1250	Q	1,9373	5,1685	0,3748	75461	23846	19469	16903	15092	13809
	v				38,95	12,31	10,05	8,72	7,79	7,13
2400/1500	Q	2,7893	6,2028	0,4498	122922	38843	31714	27535	24584	22495
	v				44,07	13,93	11,37	9,87	8,81	8,06
2800/1750	Q	3,7965	7,2366	0,5247	185415	58591	47837	41533	37083	33931
	v				48,84	15,43	12,60	10,94	9,77	8,94
3200/2000	Q	4,9587	8,2704	0,5997	264470	83573	68233	59241	52894	48398
	v				53,33	16,85	13,76	11,94	10,67	9,76
4000/2500	Q	7,7490	10,3390	0,7496	477763	150973	123263	107019	95553	87431
	v				61,65	19,48	15,91	13,81	12,33	11,28

Gefälle						1 : 10 $100^0/_{00}$	1 : 15 $67^0/_{00}$	1 : 20 $50,0^0/_{00}$	1 : 25 $40,0^0/_{00}$	1 : 30 $33,3^0/_{00}$

normale und gedrückte Maulquerschnitte.

1 : 35 28,6⁰/₀₀ 0,0286 0,169	1 : 40 25,0⁰/₀₀ 0,0250 0,158	1 : 45 22,2⁰/₀₀ 0,0222 0,149	1 : 50 20,0⁰/₀₀ 0,0200 0,141	1 : 55 18,2⁰/₀₀ 0,0182 0,1349	1 : 60 16,7⁰/₀₀ 0,0167 0,1292	1 : 65 15,4⁰/₀₀ 0,0154 0,1241	1 : 70 14,3⁰/₀₀ 0,0143 0,1196	1 : 75 13,3⁰/₀₀ 0,0133 0,1153	Q in l/s v in m/s	Lichter Querschnitt Breite und Höhe in mm

Eiquerschnitte, $b : h = 2 : 2$.

1:35	1:40	1:45	1:50	1:55	1:60	1:65	1:70	1:75		Breite/Höhe
6145	5745	5418	5127	4905	4698	4513	4349	4193	Q	1200/1200
5,51	5,15	4,86	4,60	4,40	4,21	4,05	3,90	3,76	v	
9437	8823	8320	7874	7533	7215	6930	6679	6439	Q	1400/1400
6,22	5,81	5,48	5,19	4,96	4,75	4,57	4,40	4,24	v	
13504	12625	11906	11266	10779	10323	9916	9556	9213	Q	1600/1600
6,81	6,37	6,01	5,68	5,44	5,21	5,00	4,82	4,65	v	
18504	17300	16314	15438	14770	14146	13588	13095	12624	Q	1800/1800
7,38	6,90	6,50	6,15	5,88	5,64	5,42	5,22	5,03	v	
24515	22919	21614	20453	19568	18741	18002	17349	16725	Q	2000/2000
7,92	7,40	6,98	6,60	6,32	6,05	5,81	5,60	5,40	v	
39824	37231	35111	33226	31788	30445	29243	28183	27170	Q	2400/2400
8,93	8,35	7,87	7,45	7,13	6,83	6,56	6,32	6,09	v	
59941	56040	52847	50010	47846	45825	44016	42420	40895	Q	2800/2800
9,87	9,23	8,71	8,24	7,88	7,55	7,25	6,99	6,74	v	
85327	79773	75229	71190	68110	65232	62657	60385	58214	Q	3200/3200
10,76	10,06	9,49	8,98	8,60	8,23	7,90	7,62	7,34	v	

Maulquerschnitte, $b : h = 2 : 1,5$.

1:35	1:40	1:45	1:50	1:55	1:60	1:65	1:70	1:75		Breite/Höhe
9363	8754	8255	7812	7474	7158	6875	6626	6388	Q	1600/1200
6,15	5,75	5,42	5,13	4,91	4,70	4,52	4,35	4,20	v	
17031	15922	15015	14209	13594	13020	12506	12053	11619	Q	2000/1500
7,16	6,70	6,31	5,98	5,72	5,48	5,26	5,07	4,89	v	
27710	25906	24430	23119	22119	21184	20348	19610	18905	Q	2400/1800
8,09	7,57	7,13	6,75	6,46	6,19	5,94	5,73	5,52	v	
41759	39041	36817	34840	33333	31924	30664	29552	28490	Q	2800/2100
8,96	8,38	7,90	7,47	7,15	6,85	6,58	6,34	6,11	v	
59503	55630	52461	49644	47497	45490	43694	42110	40596	Q	3200/2400
9,77	9,14	8,62	8,16	7,80	7,47	7,18	6,92	6,67	v	
81262	75973	71646	67799	64866	62125	59673	57509	55441	Q	3600/2700
10,55	9,86	9,30	8,80	8,42	8,06	7,75	7,46	7,20	v	

Maulquerschnitte, $b : h = 2 : 1,25$.

1:35	1:40	1:45	1:50	1:55	1:60	1:65	1:70	1:75		Breite/Höhe
12753	11923	11244	10640	10180	9750	9365	9025	8701	Q	2000/1250
6,58	6,15	5,80	5,49	5,25	5,03	4,83	4,66	4,49	v	
20774	19422	18315	17332	16582	15882	15255	14701	14173	Q	2400/1500
7,45	6,96	6,57	6,21	5,95	5,69	5,47	5,27	5,08	v	
31335	29296	27627	26144	25012	23956	23010	22176	21378	Q	2800/1750
8,25	7,72	7,28	6,89	6,59	6,31	6,06	5,84	5,63	v	
44695	41786	39406	37290	35677	34170	32821	31631	30493	Q	3200/2000
9,01	8,43	7,95	7,52	7,19	6,89	6,62	6,38	6,15	v	
80742	75487	71187	67365	64450	61727	59290	57140	55086	Q	4000/2500
10,42	9,74	9,19	8,69	8,32	7,97	7,65	7,37	7,11	v	

1 : 35 28,6⁰/₀₀	1 : 40 25,0⁰/₀₀	1 : 45 22,2⁰/₀₀	1 : 50 20,0⁰/₀₀	1 : 55 18,2⁰/₀₀	1 : 60 16,7⁰/₀₀	1 : 65 15,4⁰/₀₀	1 : 70 14,3⁰/₀₀	1 : 75 13,3⁰/₀₀	Gefälle

Gedrückte Ei-,

Lichter Querschnitt		1 : 80	1 : 85	1 : 90	1 : 95	1 : 100	1 : 105	1 : 110	1 : 115	1 : 120
Breite	Q in l/s	12,5⁰/₀₀	11,8⁰/₀₀	11,1⁰/₀₀	10,5⁰/₀₀	10,0⁰/₀₀	9,5⁰/₀₀	9,1⁰/₀₀	8,7⁰/₀₀	8,3⁰/₀₀
und		0,0125	0,0118	0,0111	0,0105	0,0100	0,0095	0,0091	0,0087	0,0083
Höhe in mm	v in m/s	0,1118	0,1086	0,1054	0,1025	0,1000	0,0975	0,0954	0,0933	0,0911

Nr. 5. Gedrückte

Breite/Höhe		1:80	1:85	1:90	1:95	1:100	1:105	1:110	1:115	1:120
1200/1200	Q	4065	3949	3833	3727	3636	3545	3469	3393	3313
	v	3,65	3,54	3,44	3,34	3,26	3,18	3,11	3,04	2,97
1400/1400	Q	6243	6064	5886	5724	5584	5444	5327	5210	5087
	v	4,11	4,00	3,88	3,77	3,68	3,59	3,51	3,43	3,35
1600/1600	Q	8933	8677	8422	8190	7990	7791	7623	7455	7279
	v	4,51	4,38	4,25	4,13	4,03	3,93	3,85	3,76	3,67
1800/1800	Q	12241	11891	11540	11222	10949	10675	10445	10216	9975
	v	4,88	4,74	4,60	4,47	4,37	4,26	4,16	4,07	3,98
2000/2000	Q	16217	15753	15289	14868	14506	14143	13839	13534	13215
	v	5,24	5,09	4,94	4,85	4,68	4,57	4,47	4,37	4,27
2400/2400	Q	26344	25591	24837	24153	23564	22975	22480	21985	21467
	v	5,91	5,74	5,57	5,42	5,28	5,15	5,04	4,93	4,81
2800/2800	Q	39653	38518	37383	36355	35468	34581	33837	33092	32311
	v	6,53	6,35	6,16	5,99	5,84	5,70	5,57	5,45	5,32
3200/3200	Q	56447	54831	53216	51752	50489	49227	48167	47107	45996
	v	7,12	6,92	6,71	6,53	6,37	6,21	6,08	5,94	5,80

Nr. 6. Normale

Breite/Höhe		1:80	1:85	1:90	1:95	1:100	1:105	1:110	1:115	1:120
1600/1200	Q	6194	6017	5839	5679	5540	5402	5285	5169	5047
	v	4,07	3,95	3,84	3,73	3,64	3,55	3,47	3,40	3,32
2000/1500	Q	11267	10944	10622	10329	10077	9825	9614	9402	9181
	v	4,74	4,60	4,47	4,34	4,24	4,13	4,04	3,95	3,86
2400/1800	Q	18331	17806	17282	16806	16396	15986	15642	15298	14937
	v	5,35	5,20	5,05	4,91	4,79	4,67	4,57	4,47	4,36
2800/2100	Q	27625	26834	26043	25327	24709	24091	23573	23054	22510
	v	5,93	5,76	5,59	5,43	5,30	5,17	5,06	4,95	4,83
3200/2400	Q	39363	38237	37110	36089	35209	34329	33589	32850	32075
	v	6,47	6,28	6,10	5,93	5,78	5,64	5,52	5,40	5,27
3600/2700	Q	53758	52220	50681	49286	48084	46882	45872	44863	43805
	v	6,98	6,78	6,58	6,40	6,24	6,08	5,95	5,82	5,69

Nr. 7. Gedrückte

Breite/Höhe		1:80	1:85	1:90	1:95	1:100	1:105	1:110	1:115	1:120
2000/1250	Q	8437	8195	7954	7735	7546	7357	7199	7041	6874
	v	4,35	4,23	4,11	3,99	3,90	3,80	3,68	3,63	3,55
2400/1500	Q	13743	13349	12956	12624	12292	11985	11727	11469	11198
	v	4,93	4,79	4,64	4,52	4,41	4,30	4,20	4,11	4,01
2800/1750	Q	20729	20136	19543	19005	18542	18078	17689	17299	16891
	v	5,46	5,30	5,15	5,01	4,88	4,76	4,66	4,56	4,45
3200/2000	Q	29568	28721	27875	27108	26447	25786	25230	24675	24093
	v	5,96	5,79	5,62	5,47	5,33	5,20	5,09	4,98	4,86
4000/2500	Q	53414	51885	50356	48971	47776	46582	45579	44575	43524
	v	6,89	6,70	6,50	6,32	6,17	6,01	5,88	5,75	5,62
Gefälle		1 : 80	1 : 85	1 : 90	1 : 95	1 : 100	1 : 105	1 : 110	1 : 115	1 : 120
		12,5⁰/₀₀	11,8⁰/₀₀	11,1⁰/₀₀	10,5⁰/₀₀	10,0⁰/₀₀	9,5⁰/₀₀	9,1⁰/₀₀	8,7⁰/₀₀	8,3⁰/₀₀

normale und gedrückte Maulquerschnitte.

1 : 125	1 : 130	1 : 135	1 : 140	1 : 145	1 : 150	1 : 155	1 : 160	1 : 165		Lichter Querschnitt
$8{,}0^0/_{00}$	$7{,}7^0/_{00}$	$7{,}4^0/_{00}$	$7{,}1^0/_{00}$	$6{,}9^0/_{00}$	$6{,}7^0/_{00}$	$6{,}5^0/_{00}$	$6{,}3^0/_{00}$	$6{,}1^0/_{00}$	Q in l/s	Breite
0,0080	0,0077	0,0074	0,0071	0,0069	0,0067	0,0065	0,0063	0,0061		und Höhe
0,0894	0,0878	0,0860	0,0843	0,0831	0,0819	0,0806	0,0794	0,0781	v in m/s	in mm

Eiquerschnitte, $b : h = 2 : 2$.

1 : 125	1 : 130	1 : 135	1 : 140	1 : 145	1 : 150	1 : 155	1 : 160	1 : 165		
3251	3193	3127	3065	3022	2978	2931	2887	2840	Q	1200/1200
2,92	2,86	2,80	2,75	2,71	2,67	2,63	2,59	2,55	v	
4992	4903	4802	4707	4640	4573	4501	4434	4361	Q	1400/1400
3,29	3,23	3,16	3,10	3,06	3,01	2,97	2,92	2,87	v	
7143	7015	6872	6736	6640	6544	6440	6344	6240	Q	1600/1600
3,60	3,54	3,47	3,40	3,35	3,30	3,25	3,20	3,15	v	
9788	9613	9416	9230	9099	8967	8825	8694	8551	Q	1800/1800
3,90	3,83	3,75	3,68	3,63	3,57	3,52	3,47	3,41	v	
12968	12736	12475	12228	12054	11880	11692	11518	11329	Q	2000/2000
4,19	4,11	4,03	3,95	3,89	3,84	3,78	3,72	3,66	v	
21066	20689	20265	19865	19582	19299	18993	18710	18404	Q	2400/2400
4,72	4,64	4,54	4,45	4,39	4,33	4,26	4,20	4,13	v	
31708	31141	30503	29900	29474	29048	28587	28162	27701	Q	2800/2800
5,22	5,13	5,02	4,93	4,86	4,79	4,71	4,64	4,56	v	
45138	44330	43421	42563	41957	41351	40694	40087	39432	Q	3200/3200
5,69	5,59	5,48	5,37	5,29	5,22	5,13	5,06	4,97	v	

Maulquerschnitte, $b : h = 2 : 1{,}5$.

1 : 125	1 : 130	1 : 135	1 : 140	1 : 145	1 : 150	1 : 155	1 : 160	1 : 165		
4953	4864	4765	4670	4604	4537	4465	4399	4327	Q	1600/1200
3,25	3,20	3,13	3,07	3,02	2,98	2,93	2,89	2,84	v	
9010	8848	8668	8495	8374	8253	8122	8001	7870	Q	2000/1500
3,79	3,72	3,64	3,57	3,52	3,47	3,42	3,36	3,31	v	
14658	14396	14101	13822	13625	13429	13215	13019	12806	Q	2400/1800
4,28	4,20	4,12	4,04	3,98	3,92	3,86	3,80	3,74	v	
22090	21695	21250	20830	20533	20237	19916	19619	19298	Q	2800/2100
4,74	4,65	4,56	4,47	4,41	4,34	4,27	4,21	4,14	v	
31477	30913	30280	29681	29259	28836	28378	27956	27498	Q	3200/2400
5,17	5,08	4,97	4,88	4,81	4,74	4,66	4,59	4,52	v	
42987	42218	41352	40535	39958	39381	38756	38179	37554	Q	3600/2700
5,58	5,48	5,37	5,26	5,19	5,11	5,03	4,96	4,87	v	

Maulquerschnitte, $b : h = 2 : 1{,}25$.

1 : 125	1 : 130	1 : 135	1 : 140	1 : 145	1 : 150	1 : 155	1 : 160	1 : 165		
6746	6625	6490	6361	6271	6180	6082	5992	5894	Q	2000/1250
3,48	3,42	3,35	3,28	3,24	3,19	3,14	3,09	3,04	v	
10989	10793	10571	10362	10215	10067	9908	9760	9600	Q	2400/1500
3,94	3,87	3,79	3,72	3,66	3,61	3,55	3,50	3,44	v	
16576	16279	15946	15630	15408	15185	14944	14722	14481	Q	2800/1750
4,37	4,29	4,20	4,12	4,06	4,00	3,94	3,88	3,81	v	
23644	23220	22744	22295	21977	21660	21316	20999	20655	Q	3200/2000
4,77	4,68	4,59	4,50	4,43	4,37	4,30	4,23	4,17	v	
42712	41948	41088	40275	39702	39129	38508	37934	37313	Q	4000/2500
5,51	5,41	5,30	5,20	5,12	5,05	4,97	4,90	4,81	v	
1 : 125	1 : 130	1 : 135	1 : 140	1 : 145	1 : 150	1 : 155	1 : 160	1 : 165		Gefälle
$8{,}0^0/_{00}$	$7{,}7^0/_{00}$	$7{,}4^0/_{00}$	$7{,}1^0/_{00}$	$6{,}9^0/_{00}$	$6{,}7^0/_{00}$	$6{,}5^0/_{00}$	$6{,}3^0/_{00}$	$6{,}1^0/_{00}$		

Gedrückte Ei-,

Lichter Querschnitt Breite und Höhe in mm		1 : 170 5,9‰ 0,0059 0,0768	1 : 175 5,7‰ 0,0057 0,0756	1 : 180 5,6‰ 0,0056 0,0745	1 : 185 5,4‰ 0,0054 0,0735	1 : 190 5,3‰ 0,0053 0,0725	1 : 195 5,1‰ 0,0051 0,0716	1 : 200 5,0‰ 0,0050 0,0707	1 : 210 4,8‰ 0,0048 0,0690	1 : 220 4,5‰ 0,0045 0,0674
	Q in l/s v in m/s									

Nr. 5. Gedrückte

Querschnitt		1 : 170	1 : 175	1 : 180	1 : 185	1 : 190	1 : 195	1 : 200	1 : 210	1 : 220
1200/1200	Q	2793	2749	2709	2673	2636	2604	2571	2509	2451
	v	2,50	2,47	2,43	2,40	2,36	2,33	2,31	2,25	2,20
1400/1400	Q	4289	4222	4160	4104	4048	3998	3948	3853	3764
	v	2,83	2,78	2,74	2,70	2,67	2,63	2,60	2,54	2,48
1600/1600	Q	6137	6041	5953	5873	5793	5721	5649	5513	5385
	v	3,10	3,05	3,00	2,96	2,92	2,89	2,78	2,75	2,72
1800/1800	Q	8409	8278	8157	8048	7938	7840	7741	7555	7380
	v	3,35	3,30	3,25	3,21	3,16	3,13	3,09	3,01	2,94
2000/2000	Q	11140	10966	10806	10662	10517	10386	10256	10009	9777
	v	3,60	3,54	3,49	3,44	3,40	3,35	3,31	3,23	3,16
2400/2400	Q	18097	17815	17555	17320	17084	16872	16660	16259	15882
	v	4,06	3,99	3,94	3,88	3,83	3,78	3,74	3,65	3,56
2800/2800	Q	27240	26814	26424	26069	25714	25395	25076	24473	23905
	v	4,49	4,42	4,35	4,29	4,24	4,18	4,13	4,03	3,94
3200/3200	Q	38776	38170	37615	37110	36605	36150	35696	34838	34030
	v	4,89	4,81	4,74	4,68	4,61	4,56	4,50	4,39	4,29

Nr. 6. Normale

Querschnitt		1 : 170	1 : 175	1 : 180	1 : 185	1 : 190	1 : 195	1 : 200	1 : 210	1 : 220
1600/1200	Q	4255	4189	4127	4072	4017	3967	3917	3823	3734
	v	2,80	2,75	2,71	2,68	2,64	2,61	2,57	2,51	2,45
2000/1500	Q	7739	7619	7508	7407	7306	7215	7125	6953	6792
	v	3,25	3,20	3,16	3,11	3,07	3,03	3,00	2,92	2,86
2400/1800	Q	12592	12396	12215	12051	11887	11740	11592	11313	11051
	v	3,68	3,62	3,57	3,52	3,47	3,43	3,39	3,30	3,23
2800/2100	Q	18977	18681	18408	18161	17914	17692	17469	17049	16654
	v	4,07	4,01	3,95	3,90	3,84	3,80	3,75	3,66	3,57
3200/2400	Q	27040	26618	26231	25878	25526	25210	24893	24294	23731
	v	4,44	4,37	4,31	4,25	4,19	4,14	4,09	3,99	3,90
3600/2700	Q	36929	36352	35823	35342	34861	34428	33996	33178	32409
	v	4,79	4,72	4,65	4,59	4,52	4,47	4,41	4,31	4,21

Nr. 7. Gedrückte

Querschnitt		1 : 170	1 : 175	1 : 180	1 : 185	1 : 190	1 : 195	1 : 200	1 : 210	1 : 220
2000/1250	Q	5795	5705	5622	5546	5471	5403	5335	5207	5086
	v	2,99	2,94	2,90	2,86	2,82	2,79	2,75	2,69	2,63
2400/1500	Q	9440	9293	9158	9035	8912	8801	8691	8482	8285
	v	3,38	3,33	3,28	3,24	3,20	3,16	3,12	3,04	2,97
2800/1750	Q	14240	14017	13813	13628	13443	13276	13109	12794	12497
	v	3,75	3,69	3,64	3,59	3,54	3,50	3,45	3,37	3,29
3200/2000	Q	20311	19994	19703	19439	19174	18936	18698	18248	17825
	v	4,10	4,03	3,97	3,92	3,87	3,82	3,77	3,68	3,59
4000/2500	Q	36692	36119	35593	35116	34638	34208	33778	32966	32201
	v	4,73	4,66	4,59	4,53	4,47	4,41	4,36	4,25	4,16

Gefälle	1 : 170	1 : 175	1 : 180	1 : 185	1 : 190	1 : 195	1 : 200	1 : 210	1 : 220
	5,9‰	5,7‰	5,6‰	5,4‰	5,3‰	5,1‰	5,0‰	4,8‰	4,5‰

normale und gedrückte Maulquerschnitte.

1 : 225	1 : 230	1 : 240	1 : 250	1 : 260	1 : 270	1 : 280	1 : 290	1 : 300		Lichter Querschnitt
4,4‰	4,3‰	4,2‰	4,0‰	3,8‰	3,7‰	3,6‰	3,4‰	3,3‰	Q in l/s	Breite und
0,0044	0,0043	0,0042	0,0040	0,0038	0,0037	0,0036	0,0034	0,0033	v in m/s	Höhe in mm
0,0667	0,0659	0,0646	0,0633	0,0620	0,0609	0,0598	0,0587	0,0577		

Eiquerschnitte, $b:h = 2:2$.

1 : 225	1 : 230	1 : 240	1 : 250	1 : 260	1 : 270	1 : 280	1 : 290	1 : 300		Querschnitt
2425	2396	2349	2302	2254	2214	2174	2134	2098	Q	1200/1200
2,18	2,15	2,11	2,06	2,02	1,99	1,95	1,91	1,88	v	
3725	3680	3607	3535	3462	3401	3339	3278	3222	Q	1400/1400
2,45	2,43	2,38	2,33	2,28	2,24	2,20	2,16	2,12	v	
5330	5266	5162	5058	4954	4866	4778	4690	4610	Q	1600/1600
2,69	2,66	2,60	2,55	2,50	2,45	2,41	2,37	2,33	v	
7303	7215	7073	6931	6788	6668	6548	6427	6318	Q	1800/1800
2,91	2,88	2,82	2,76	2,71	2,66	2,61	2,56	2,52	v	
9675	9559	9371	9182	8994	8834	8674	8515	8370	Q	2000/2000
3,12	3,09	3,03	2,96	2,90	2,85	2,80	2,75	2,70	v	
15717	15529	15222	14916	14610	14351	14091	13832	13597	Q	2400/2400
3,52	3,48	3,41	3,34	3,28	3,22	3,16	3,10	3,05	v	
23657	23373	22912	22451	21990	21600	21210	20820	20465	Q	2800/2800
3,90	3,85	3,77	3,70	3,62	3,56	3,49	3,43	3,37	v	
33676	33273	32616	31960	31303	30748	30193	29637	29132	Q	3200/3200
4,25	4,20	4,11	4,03	3,95	3,88	3,81	3,74	3,67	v	

Maulquerschnitte, $b:h = 2:1,5$.

1 : 225	1 : 230	1 : 240	1 : 250	1 : 260	1 : 270	1 : 280	1 : 290	1 : 300		Querschnitt
3695	3651	3579	3507	3435	3374	3313	3252	3197	Q	1600/1200
2,43	2,40	2,35	2,30	2,26	2,22	2,18	2,14	2,10	v	
6722	6641	6510	6379	6248	6137	6026	5915	5815	Q	2000/1500
2,83	2,79	2,74	2,68	2,63	2,58	2,53	2,49	2,45	v	
10936	10805	10592	10379	10166	9985	9805	9625	9461	Q	2400/1800
3,19	3,16	3,09	3,03	2,97	2,92	2,86	2,81	2,76	v	
16481	16283	15962	15641	15320	15048	14776	14504	14257	Q	2800/2100
3,54	3,49	3,42	3,36	3,29	3,23	3,17	3,11	3,05	v	
23484	23203	22745	22287	21829	21442	21055	20668	20315	Q	3200/2400
3,86	3,81	3,74	3,66	3,59	3,52	3,46	3,40	3,34	v	
32072	31688	31062	30437	29812	29283	28754	28225	27745	Q	3600/2700
4,16	4,11	4,03	3,95	3,87	3,80	3,73	3,66	3,60	v	

Maulquerschnitte, $b:h = 2:1,25$.

1 : 225	1 : 230	1 : 240	1 : 250	1 : 260	1 : 270	1 : 280	1 : 290	1 : 300		Querschnitt
5033	4973	4875	4777	4679	4596	4513	4430	4354	Q	2000/1250
2,60	2,57	2,52	2,47	2,41	2,37	2,33	2,29	2,25	v	
8199	8101	7941	7781	7621	7486	7351	7216	7093	Q	2400/1500
2,94	2,90	2,85	2,79	2,73	2,68	2,64	2,59	2,54	v	
12367	12219	11978	11737	11496	11292	11088	10884	10698	Q	2800/1750
3,26	3,22	3,16	3,09	3,03	2,97	2,92	2,87	2,82	v	
17640	17429	17085	16741	16397	16106	15815	15524	15260	Q	3200/2000
3,56	3,51	3,45	3,38	3,31	3,25	3,19	3,13	3,08	v	
31867	31485	30863	30242	29621	29096	28570	28045	27567	Q	4000/2500
4,11	4,06	3,98	3,90	3,82	3,75	3,69	3,62	3,56	v	

1 : 225	1 : 230	1 : 240	1 : 250	1 : 260	1 : 270	1 : 280	1 : 290	1 : 300	Gefälle
4,4‰	4,3‰	4,2‰	4,0‰	3,8‰	3,7‰	3,6‰	3,4‰	3,3‰	

Gedrückte Ei-,

Lichter Querschnitt Breite und Höhe in mm		1 : 310	1 : 320	1 : 330	1 : 340	1 : 350	1 : 360	1 : 370	1 : 380	1 : 390
		$3{,}2^0/_{00}$	$3{,}1^0/_{00}$	$3{,}0^0/_{00}$	$2{,}90^0/_{00}$	$2{,}86^0/_{00}$	$2{,}78^0/_{00}$	$2{,}70^0/_{00}$	$2{,}63^0/_{00}$	$2{,}56^0/_{00}$
	Q in l/s	0,0032	0,0031	0,0030	0,0029	0,00286	0,00278	0,00270	0,00263	0,00256
	v in m/s	0,0568	0,0559	0,0550	0,0542	0,0535	0,0527	0,0520	0,0513	0,0506

Nr. 5. Gedrückte

Breite/Höhe		1 : 310	1 : 320	1 : 330	1 : 340	1 : 350	1 : 360	1 : 370	1 : 380	1 : 390
1200/1200	Q	2065	2033	2000	1971	1945	1916	1891	1865	1840
	v	1,85	1,82	1,79	1,77	1,74	1,72	1,70	1,67	1,65
1400/1400	Q	3172	3122	3071	3027	2987	2943	2903	2865	2826
	v	2,09	2,06	2,02	1,99	1,97	1,94	1,91	1,89	1,86
1600/1600	Q	4538	4467	4395	4331	4275	4211	4155	4099	4043
	v	2,29	2,25	2,22	2,18	2,16	2,12	2,10	2,07	2,04
1800/1800	Q	6219	6121	6022	5934	5858	5770	5694	5617	5540
	v	2,48	2,44	2,40	2,37	2,34	2,30	2,27	2,24	2,21
2000/2000	Q	8239	8109	7978	7862	7761	7645	7543	7441	7340
	v	2,66	2,62	2,58	2,54	2,51	2,47	2,44	2,40	2,37
2400/2400	Q	13384	13172	12960	12772	12607	12418	12253	12088	11923
	v	3,00	2,95	2,91	2,86	2,83	2,78	2,75	2,71	2,67
2800/2800	Q	20146	19827	19507	19224	18975	18692	18443	18195	17947
	v	3,32	3,27	3,21	3,17	3,13	3,08	3,04	3,00	2,96
3200/3200	Q	28678	28224	27769	27365	27012	26608	26254	25901	25548
	v	3,62	3,56	3,50	3,45	3,41	3,36	3,31	3,27	3,22

Nr. 6. Normale

Breite/Höhe		1 : 310	1 : 320	1 : 330	1 : 340	1 : 350	1 : 360	1 : 370	1 : 380	1 : 390
1600/1200	Q	3147	3097	3047	3003	2964	2920	2881	2842	2803
	v	2,07	2,03	2,00	1,97	1,95	1,92	1,89	1,87	1,84
2000/1500	Q	5724	5633	5543	5462	5391	5311	5240	5170	5099
	v	2,41	2,37	2,33	2,30	2,27	2,23	2,20	2,17	2,14
2400/1800	Q	9313	9166	9018	8887	8772	8641	8526	8411	8297
	v	2,72	2,68	2,63	2,60	2,56	2,52	2,49	2,46	2,42
2800/2100	Q	14035	13812	13590	13392	13219	13022	12849	12676	12503
	v	3,01	2,96	2,92	2,87	2,84	2,79	2,76	2,72	2,68
3200/2400	Q	19999	19682	19365	19083	18837	18555	18309	18062	17816
	v	3,29	3,23	3,18	3,13	3,09	3,05	3,01	2,97	2,93
3600/2700	Q	27312	26879	26446	26062	25725	25340	25004	24667	24331
	v	3,54	3,49	3,43	3,38	3,34	3,29	3,25	3,20	3,16

Nr. 7. Gedrückte

Breite/Höhe		1 : 310	1 : 320	1 : 330	1 : 340	1 : 350	1 : 360	1 : 370	1 : 380	1 : 390
2000/1250	Q	4286	4218	4150	4090	4037	3977	3924	3871	3818
	v	2,21	2,18	2,14	2,11	2,08	2,05	2,03	2,00	1,97
2400/1500	Q	6982	6871	6761	6662	6576	6478	6392	6306	6220
	v	2,50	2,46	2,42	2,39	2,36	2,32	2,29	2,26	2,23
2800/1750	Q	10532	10365	10198	10049	9920	9771	9642	9512	9382
	v	2,77	2,73	2,69	2,65	2,61	2,57	2,54	2,51	2,47
3200/2000	Q	15022	14784	14546	14334	14149	13938	13752	13567	13382
	v	3,03	2,98	2,93	2,89	2,85	2,81	2,77	2,74	2,70
4000/2500	Q	27137	26707	26277	25895	25560	25178	24844	24509	24175
	v	3,50	3,45	3,39	3,34	3,30	3,25	3,21	3,16	3,12

Gefälle		1 : 310	1 : 320	1 : 330	1 : 340	1 : 350	1 : 360	1 : 370	1 : 380	1 : 390
		$3{,}2^0/_{00}$	$3{,}1^0/_{00}$	$3{,}0^0/_{00}$	$2{,}90^0/_{00}$	$2{,}86^0/_{00}$	$2{,}78^0/_{00}$	$2{,}70^0/_{00}$	$2{,}63^0/_{00}$	$2{,}56^0/_{00}$

normale und gedrückte Maulquerschnitte.

1 : 400	1 : 410	1 : 420	1 : 430	1 : 440	1 : 450	1 : 460	1 : 470	1 : 480		Lichter Querschnitt
$2,50^0/_{00}$	$2,44^0/_{00}$	$2,38^0/_{00}$	$2,33^0/_{00}$	$2,27^0/_{00}$	$2,22^0/_{00}$	$2,17^0/_{00}$	$2,13^0/_{00}$	$2,08^0/_{00}$	Q in l/s	Breite und Höhe in mm
0,00250	0,00244	0,00238	0,00233	0,00227	0,00222	0,00217	0,00213	0,00208		
0,0500	0,0494	0,0488	0,0482	0,0477	0,0471	0,0466	0,0461	0,0456	v in m/s	

Eiquerschnitte, $b : h = 2 : 2.$

1 : 400	1 : 410	1 : 420	1 : 430	1 : 440	1 : 450	1 : 460	1 : 470	1 : 480		
1818	1796	1774	1753	1734	1713	1694	1676	1658	Q	1200/1200
1,63	1,61	1,59	1,57	1,55	1,54	1,52	1,50	1,49	v	
2792	2759	2725	2692	2664	2630	2602	2574	2546	Q	1400/1400
1,84	1,82	1,80	1,77	1,76	1,73	1,71	1,70	1,68	v	
3995	3947	3899	3851	3811	3763	3723	3684	3644	Q	1600/1600
2,02	1,99	1,97	1,94	1,92	1,90	1,88	1,86	1,84	v	
5475	5409	5343	5277	5223	5157	5102	5048	4993	Q	1800/1800
2,18	2,16	2,13	2,10	2,08	2,06	2,03	2,01	1,99	v	
7253	7166	7079	6992	6919	6832	6760	6687	6615	Q	2000/2000
2,34	2,31	2,29	2,26	2,23	2,21	2,18	2,16	2,14	v	
11782	11640	11499	11358	11240	11099	10981	10863	10745	Q	2400/2400
2,64	2,61	2,58	2,55	2,52	2,49	2,46	2,44	2,41	v	
17734	17521	17308	17096	16918	16705	16529	16351	16173	Q	2800/2800
2,92	2,89	2,85	2,82	2,79	2,75	2,72	2,69	2,66	v	
25245	24942	24639	24336	24083	23781	23528	23276	23023	Q	3200/3200
3,18	3,15	3,11	3,07	3,04	3,00	2,97	2,94	2,90	v	

Maulquerschnitte, $b : h = 2 : 1,5.$

1 : 400	1 : 410	1 : 420	1 : 430	1 : 440	1 : 450	1 : 460	1 : 470	1 : 480		
2770	2737	2704	2670	2643	2609	2582	2554	2526	Q	1600/1200
1,82	1,80	1,78	1,75	1,74	1,71	1,70	1,68	1,66	v	
5039	4978	4918	4857	4807	4746	4696	4646	4595	Q	2000/1500
2,12	2,09	2,07	2,04	2,02	2,00	1,97	1,95	1,93	v	
8198	8100	8001	7903	7821	7723	7641	7559	7477	Q	2400/1800
2,39	2,37	2,34	2,31	2,28	2,26	2,23	2,21	2,18	v	
12355	12206	12058	11910	11786	11638	11514	11391	11267	Q	2800/2100
2,65	2,62	2,59	2,56	2,53	2,50	2,47	2,44	2,42	v	
17604	17393	17182	16971	16795	16583	16407	16231	16055	Q	3200/2400
2,89	2,86	2,82	2,79	2,76	2,72	2,70	2,67	2,64	v	
24042	23754	23465	23177	22936	22648	22407	22167	21926	Q	3600/2700
3,12	3,08	3,05	3,01	2,98	2,94	2,91	2,88	2,85	v	

Maulquerschnitte, $b : h = 2 : 1,25.$

1 : 400	1 : 410	1 : 420	1 : 430	1 : 440	1 : 450	1 : 460	1 : 470	1 : 480		
3773	3728	3682	3637	3599	3554	3516	3479	3441	Q	2000/1250
1,95	1,92	1,90	1,88	1,86	1,83	1,82	1,80	1,78	v	
6146	6072	5999	5925	5863	5790	5728	5667	5605	Q	2400/1500
2,20	2,18	2,15	2,12	2,10	2,08	2,05	2,03	2,01	v	
9271	9160	9048	8937	8844	8733	8640	8548	8455	Q	2800/1750
2,44	2,41	2,38	2,35	2,33	2,30	2,28	2,25	2,23	v	
13224	13065	12906	12747	12615	12457	12324	12192	12060	Q	3200/2000
2,67	2,63	2,60	2,57	2,54	2,51	2,49	2,46	2,43	v	
23888	23601	23315	23028	22789	22503	22264	22025	21786	Q	4000/2500
3,08	3,05	3,01	2,97	2,94	2,90	2,87	2,84	2,81	v	

1 : 400	1 : 410	1 : 420	1 : 430	1 : 440	1 : 450	1 : 460	1 : 470	1 : 480	Gefälle
$2,50^0/_{00}$	$2,44^0/_{00}$	$2,38^0/_{00}$	$2,33^0/_{00}$	$2,27^0/_{00}$	$2,22^0/_{00}$	$2,17^0/_{00}$	$2,13^0/_{00}$	$2,08^0/_{00}$	

Gedrückte Ei-,

Lichter Querschnitt Breite und Höhe in mm		1 : 490 2,04⁰/₀₀	1 : 500 2,00⁰/₀₀	1 : 525 1,90⁰/₀₀	1 : 550 1,82⁰/₀₀	1 : 575 1,74⁰/₀₀	1 : 600 1,67⁰/₀₀	1 : 650 1,54⁰/₀₀	1 : 700 1,43⁰/₀₀	1 : 750 1,33⁰/₀₀
	Q in l/s	0,00204	0,00200	0,00190	0,00182	0,00174	0,00167	0,00154	0,00143	0,00133
	v in m/s	0,0452	0,0447	0,0436	0,0426	0,0417	0,0408	0,0392	0,0378	0,0365

Nr. 5. Gedrückte

Breite/Höhe		1 : 490	1 : 500	1 : 525	1 : 550	1 : 575	1 : 600	1 : 650	1 : 700	1 : 750
1200/1200	Q	1644	1625	1585	1549	1516	1484	1426	1374	1327
	v	1,47	1,46	1,42	1,39	1,36	1,33	1,28	1,23	1,19
1400/1400	Q	2524	2496	2435	2379	2329	2278	2189	2111	2038
	v	1,66	1,64	1,60	1,57	1,53	1,50	1,44	1,39	1,34
1600/1600	Q	3612	3572	3484	3404	3332	3260	3132	3020	2916
	v	1,82	1,80	1,76	1,72	1,68	1,64	1,58	1,52	1,47
1800/1800	Q	4949	4894	4774	4664	4566	4467	4292	4139	3996
	v	1,97	1,95	1,90	1,86	1,82	1,78	1,71	1,65	1,59
2000/2000	Q	6557	6484	6325	6179	6049	5918	5686	5483	5295
	v	2,12	2,09	2,04	2,00	1,95	1,91	1,84	1,77	1,71
2400/2400	Q	10651	10533	10274	10038	9826	9614	9237	8907	8601
	v	2,39	2,36	2,30	2,25	2,20	2,16	2,07	2,00	1,93
2800/2800	Q	16032	15854	15464	15109	14790	14471	13903	13407	12946
	v	2,64	2,61	2,55	2,49	2,44	2,38	2,29	2,21	2,13
3200/3200	Q	22821	22569	22013	21508	21054	20600	19792	19085	18429
	v	2,88	2,85	2,78	2,71	2,66	2,60	2,50	2,41	2,32

Nr. 6. Normale

Breite/Höhe		1 : 490	1 : 500	1 : 525	1 : 550	1 : 575	1 : 600	1 : 650	1 : 700	1 : 750
1600/1200	Q	2504	2476	2416	2360	2310	2260	2172	2094	2022
	v	1,65	1,63	1,59	1,55	1,52	1,49	1,43	1,38	1,33
2000/1500	Q	4555	4505	4394	4293	4202	4112	3950	3809	3678
	v	1,92	1,89	1,85	1,81	1,77	1,73	1,66	1,60	1,55
2400/1800	Q	7411	7329	7149	6985	6837	6690	6427	6198	5985
	v	2,16	2,14	2,09	2,04	2,00	1,95	1,88	1,81	1,75
2800/2100	Q	11169	11045	10773	10526	10304	10081	9686	9340	9019
	v	2,40	2,37	2,31	2,26	2,21	2,16	2,08	2,00	1,93
3200/2400	Q	15914	15738	15351	14999	14682	14365	13802	13309	12851
	v	2,61	2,59	2,52	2,46	2,41	2,36	2,27	2,19	2,11
3600/2700	Q	21734	21494	20965	20484	20051	19618	18849	18176	17551
	v	2,82	2,79	2,72	2,66	2,60	2,55	2,45	2,36	2,28

Nr. 7. Gedrückte

Breite/Höhe		1 : 490	1 : 500	1 : 525	1 : 550	1 : 575	1 : 600	1 : 650	1 : 700	1 : 750
2000/1250	Q	3411	3373	3290	3215	3147	3079	2958	2852	2754
	v	1,76	1,74	1,70	1,66	1,62	1,59	1,53	1,47	1,42
2400/1500	Q	5556	5495	5359	5236	5126	5015	4819	4646	4487
	v	1,99	1,97	1,92	1,88	1,84	1,80	1,73	1,67	1,61
2800/1750	Q	8381	8288	8084	7899	7732	7565	7268	7009	6768
	v	2,21	2,18	2,13	2,08	2,04	1,99	1,91	1,85	1,78
3200/2000	Q	11954	11822	11531	11266	11028	10790	10367	9997	9653
	v	2,41	2,39	2,33	2,27	2,22	2,18	2,09	2,02	1,95
4000/2500	Q	21595	21356	20830	20353	19923	19493	18728	18059	17438
	v	2,79	2,76	2,69	2,63	2,57	2,52	2,42	2,33	2,25

Gefälle	1 : 490 2,04⁰/₀₀	1 : 500 2,00⁰/₀₀	1 : 525 1,90⁰/₀₀	1 : 550 1,82⁰/₀₀	1 : 575 1,74⁰/₀₀	1 : 600 1,67⁰/₀₀	1 : 650 1,54⁰/₀₀	1 : 700 1,43⁰/₀₀	1 : 750 1,33⁰/₀₀

normale und gedrückte Maulquerschnitte.

1 : 800	1 : 850	1 : 900	1 : 950	1:1000	1:1100	1:1200	1:1300	1:1400	Q in l/s — v in m/s	Lichter Querschnitt — Breite und Höhe in mm
$1,25^0/_{00}$	$1,18^0/_{00}$	$1,11^0/_{00}$	$1,05^0/_{00}$	$1,00^0/_{00}$	$0,91^0/_{00}$	$0,83^0/_{00}$	$0,77^0/_{00}$	$0,71^0/_{00}$		
0,00125	0,00118	0,00111	0,00105	0,00100	0,00091	0,00083	0,00077	0,00071		
0,0354	0,0343	0,0333	0,0324	0,0316	0,0302	0,0288	0,0277	0,0267		

Eiquerschnitte, $b : h = 2 : 2$.

1 : 800	1 : 850	1 : 900	1 : 950	1:1000	1:1100	1:1200	1:1300	1:1400		Breite/Höhe
1287	1247	1211	1178	1149	1098	1047	1007	971	Q	1200/1200
1,15	*1,12*	*1,09*	*1,06*	*1,03*	*0,98*	*0,94*	*0,90*	*0,87*	*v*	
1977	1915	1860	1809	1765	1686	1608	1547	1491	Q	1400/1400
1,30	*1,26*	*1,23*	*1,19*	*1,16*	*1,11*	*1,06*	*1,02*	*0,98*	*v*	
2829	2741	2661	2589	2525	2413	2301	2213	2133	Q	1600/1600
1,43	*1,38*	*1,34*	*1,31*	*1,27*	*1,22*	*1,16*	*1,12*	*1,08*	*v*	
3876	3756	3646	3548	3460	3307	3153	3033	2923	Q	1800/1800
1,55	*1,50*	*1,45*	*1,41*	*1,38*	*1,32*	*1,26*	*1,21*	*1,17*	*v*	
5135	4975	4830	4700	4584	4381	4178	4018	3873	Q	2000/2000
1,66	*1,61*	*1,56*	*1,52*	*1,48*	*1,41*	*1,35*	*1,30*	*1,25*	*v*	
8342	8083	7847	7635	7446	7116	6786	6527	6292	Q	2400/2400
1,87	*1,81*	*1,76*	*1,71*	*1,67*	*1,60*	*1,53*	*1,46*	*1,41*	*v*	
12556	12166	11811	11492	11208	10711	10215	9825	9470	Q	2800/2800
2,07	*2,00*	*1,95*	*1,89*	*1,85*	*1,76*	*1,68*	*1,62*	*1,56*	*v*	
17873	17318	16813	16359	15955	15248	14541	13986	13481	Q	3200/3200
2,25	*2,18*	*2,12*	*2,06*	*2,01*	*1,92*	*1,83*	*1,76*	*1,70*	*v*	

Maulquerschnitte, $b : h = 2 : 1,5$.

1 : 800	1 : 850	1 : 900	1 : 950	1:1000	1:1100	1:1200	1:1300	1:1400		Breite/Höhe
1961	1900	1845	1795	1751	1673	1596	1535	1479	Q	1600/1200
1,29	*1,25*	*1,21*	*1,18*	*1,15*	*1,10*	*1,05*	*1,01*	*0,97*	*v*	
3567	3457	3356	3265	3185	3043	2902	2791	2691	Q	2000/1500
1,50	*1,45*	*1,41*	*1,37*	*1,34*	*1,28*	*1,22*	*1,17*	*1,13*	*v*	
5804	5624	5460	5312	5181	4952	4722	4542	4378	Q	2400/1800
1,69	*1,64*	*1,59*	*1,55*	*1,51*	*1,45*	*1,38*	*1,33*	*1,28*	*v*	
8747	8475	8228	8006	7808	7462	7116	6844	6597	Q	2800/2100
1,88	*1,82*	*1,77*	*1,72*	*1,68*	*1,60*	*1,53*	*1,47*	*1,42*	*v*	
12464	12077	11725	11408	11126	10633	10140	9753	9401	Q	3200/2400
2,05	*1,98*	*1,93*	*1,87*	*1,83*	*1,75*	*1,67*	*1,60*	*1,54*	*v*	
17022	16493	16012	15579	15195	14521	13848	13319	12839	Q	3600/2700
2,21	*2,14*	*2,08*	*2,02*	*1,97*	*1,88*	*1,80*	*1,73*	*1,67*	*v*	

Maulquerschnitte, $b : h = 2 : 1,25$.

1 : 800	1 : 850	1 : 900	1 : 950	1:1000	1:1100	1:1200	1:1300	1:1400		Breite/Höhe
2671	2588	2513	2445	2385	2279	2173	2090	2015	Q	2000/1250
1,38	*1,34*	*1,30*	*1,26*	*1,23*	*1,18*	*1,12*	*1,08*	*1,04*	*v*	
4351	4216	4093	3983	3884	3712	3540	3405	3282	Q	2400/1500
1,56	*1,51*	*1,47*	*1,43*	*1,39*	*1,33*	*1,27*	*1,22*	*1,18*	*v*	
6564	6360	6174	6007	5859	5600	5340	5136	4951	Q	2800/1750
1,73	*1,68*	*1,63*	*1,58*	*1,54*	*1,47*	*1,41*	*1,35*	*1,30*	*v*	
9362	9071	8807	8569	8357	7987	7617	7326	7061	Q	3200/2000
1,89	*1,83*	*1,78*	*1,73*	*1,69*	*1,61*	*1,54*	*1,48*	*1,42*	*v*	
16913	16387	15910	15480	15097	14428	13760	13234	12756	Q	4000/2500
2,18	*2,11*	*2,05*	*2,00*	*1,95*	*1,86*	*1,78*	*1,71*	*1,65*	*v*	

1 : 800	1 : 850	1 : 900	1 : 950	1:1000	1:1100	1:1200	1:1300	1:1400	Gefälle
$1,25^0/_{00}$	$1,18^0/_{00}$	$1,11^0/_{00}$	$1,05^0/_{00}$	$1,00^0/_{00}$	$0,91^0/_{00}$	$0,83^0/_{00}$	$0,77^0/_{00}$	$0,71^0/_{00}$	

Gedrückte Ei-,

Lichter Querschnitt		1:1500	1:1600	1:1700	1:1800	1:1900	1:2000	1:2100	1:2200	1:2300
Breite	Q in l/s	0,67‰	0,63‰	0,59‰	0,56‰	0,53‰	0,50‰	0,48‰	0,45‰	0,43‰
und		0,00067	0,00063	0,00059	0,00056	0,00053	0,00050	0,00048	0,00045	0,00043
Höhe in mm	v in m/s	0,0258	0,0250	0,0243	0,0236	0,0229	0,0224	0,0218	0,0213	0,0209

Nr. 5. Gedrückte

Querschnitt		1:1500	1:1600	1:1700	1:1800	1:1900	1:2000	1:2100	1:2200	1:2300
1200/1200	Q	938	909	884	858	833	815	793	775	760
	v	0,84	0,82	0,79	0,77	0,75	0,73	0,71	0,69	0,68
1400/1400	Q	1441	1396	1357	1318	1279	1251	1217	1189	1167
	v	0,95	0,92	0,89	0,87	0,84	0,82	0,80	0,78	0,77
1600/1600	Q	2061	1998	1942	1886	1830	1790	1742	1702	1670
	v	1,04	1,01	0,98	0,95	0,92	0,90	0,88	0,86	0,84
1800/1800	Q	2825	2737	2661	2584	2507	2453	2387	2332	2288
	v	1,13	1,09	1,06	1,03	1,00	0,98	0,95	0,93	0,91
2000/2000	Q	3742	3626	3525	3423	3322	3249	3133	3090	3032
	v	1,21	1,17	1,14	1,15	1,07	1,05	1,02	1,00	0,98
2400/2400	Q	6080	5891	5726	5561	5396	5278	5137	5019	4925
	v	1,36	1,32	1,28	1,25	1,21	1,18	1,15	1,13	1,10
2800/2800	Q	9151	8867	8619	8370	8122	7945	7732	7555	7413
	v	1,51	1,46	1,42	1,38	1,34	1,31	1,27	1,24	1,22
3200/3200	Q	13026	12622	12269	11915	11562	11309	11007	10754	10552
	v	1,64	1,59	1,55	1,50	1,46	1,43	1,39	1,36	1,32

Nr. 6. Normale

Querschnitt		1:1500	1:1600	1:1700	1:1800	1:1900	1:2000	1:2100	1:2200	1:2300
1600/1200	Q	1429	1385	1346	1307	1269	1241	1208	1180	1158
	v	0,94	0,91	0,88	0,86	0,83	0,82	0,79	0,78	0,76
2000/1500	Q	2600	2519	2449	2378	2308	2257	2197	2146	2106
	v	1,09	1,06	1,03	1,00	0,97	0,95	0,92	0,90	0,89
2400/1800	Q	4230	4099	3984	3870	3755	3673	3574	3492	3427
	v	1,24	1,20	1,16	1,13	1,10	1,07	1,04	1,02	1,00
2800/2100	Q	6375	6177	6004	5831	5658	5535	5387	5263	5164
	v	1,37	1,33	1,29	1,25	1,21	1,19	1,16	1,13	1,11
3200/2400	Q	9084	8802	8556	8309	8063	7887	7676	7499	7359
	v	1,49	1,45	1,41	1,37	1,32	1,30	1,26	1,23	1,21
3600/2700	Q	12406	12021	11684	11348	11011	10771	10482	10242	10050
	v	1,61	1,56	1,52	1,47	1,43	1,40	1,36	1,33	1,30

Nr. 7. Gedrückte

Querschnitt		1:1500	1:1600	1:1700	1:1800	1:1900	1:2000	1:2100	1:2200	1:2300
2000/1250	Q	1947	1887	1834	1781	1728	1690	1645	1607	1577
	v	1,00	0,97	0,95	0,92	0,89	0,87	0,85	0,83	0,81
2400/1500	Q	3171	3073	2987	2901	2815	2753	2680	2618	2569
	v	1,14	1,10	1,07	1,04	1,01	0,99	0,96	0,94	0,92
2800/1750	Q	4784	4635	4506	4376	4246	4153	4042	3949	3875
	v	1,26	1,22	1,19	1,16	1,12	1,09	1,06	1,04	1,02
3200/2000	Q	6823	6612	6427	6241	6056	5924	5765	5633	5527
	v	1,38	1,33	1,30	1,26	1,22	1,19	1,16	1,14	1,11
4000/2500	Q	12326	11944	11610	11227	10941	10702	10415	10176	9985
	v	1,59	1,54	1,50	1,45	1,41	1,38	1,34	1,31	1,29

Gefälle	1:1500	1:1600	1:1700	1:1800	1:1900	1:2000	1:2100	1:2200	1:2300
	0,67‰	0,63‰	0,59‰	0,56‰	0,53‰	0,50‰	0,48‰	0,45‰	0,43‰

normale und gedrückte Maulquerschnitte.

1:2400	1:2500	1:2600	1:2700	1:2800	1:2900	1:3000	1:3100	1:3200		Lichter Querschnitt
0,42‰	0,40‰	0,38‰	0,37‰	0,36‰	0,34‰	0,33‰	0,32‰	0,31‰	Q in l/s	Breite und Höhe in mm
0,00042	0,00040	0,00038	0,00037	0,00036	0,00034	0,00033	0,00032	0,00031	v in m/s	
0,0204	0,0200	0,0196	0,0192	0,0189	0,0186	0,0183	0,0180	0,0177		

Eiquerschnitte, $b:h = 2:2$.

1:2400	1:2500	1:2600	1:2700	1:2800	1:2900	1:3000	1:3100	1:3200		Breite/Höhe
742	727	713	698	687	676	665	655	644	Q	1200/1200
0,67	0,65	0,64	0,63	0,62	0,61	0,60	0,59	0,58	v	
1139	1117	1094	1072	1055	1039	1022	1005	988	Q	1400/1400
0,75	0,74	0,72	0,71	0,70	0,68	0,67	0,66	0,65	v	
1630	1598	1566	1534	1510	1486	1462	1438	1414	Q	1600/1600
0,82	0,81	0,79	0,77	0,76	0,75	0,74	0,73	0,71	v	
2234	2190	2146	2102	2069	2037	2004	1971	1938	Q	1800/1800
0,89	0,87	0,86	0,84	0,83	0,81	0,80	0,79	0,77	v	
2959	2901	2843	2785	2742	2698	2655	2611	2568	Q	2000/2000
0,96	0,94	0,92	0,90	0,89	0,87	0,86	0,85	0,83	v	
4807	4713	4619	4524	4454	4383	4312	4242	4171	Q	2400/2400
1,08	1,06	1,04	1,01	1,00	0,98	0,97	0,95	0,94	v	
7235	7094	6952	6810	6703	6597	6491	6384	6278	Q	2800/2800
1,19	1,17	1,15	1,12	1,10	1,09	1,07	1,05	1,03	v	
10300	10098	9896	9694	9542	9391	9240	9088	8937	Q	3200/3200
1,30	1,27	1,25	1,22	1,20	1,18	1,17	1,15	1,13	v	

Maulquerschnitte, $b:h = 2:1,5$.

1:2400	1:2500	1:2600	1:2700	1:2800	1:2900	1:3000	1:3100	1:3200		Breite/Höhe
1130	1108	1086	1064	1047	1030	1014	997	981	Q	1600/1200
0,74	0,73	0,71	0,70	0,69	0,68	0,67	0,66	0,64	v	
2056	2015	1975	1935	1905	1874	1844	1814	1784	Q	2000/1500
0,86	0,85	0,83	0,81	0,80	0,79	0,78	0,76	0,75	v	
3345	3279	3214	3148	3099	3050	3001	2951	2902	Q	2400/1800
0,98	0,96	0,94	0,92	0,90	0,89	0,88	0,86	0,85	v	
5041	4942	4843	4744	4670	4596	4522	4448	4374	Q	2800/2100
1,08	1,09	1,04	1,02	1,00	0,99	0,97	0,95	0,94	v	
7183	7042	6901	6760	6654	6549	6443	6338	6232	Q	3200/2400
1,18	1,16	1,13	1,11	1,09	1,08	1,06	1,04	1,02	v	
9809	9617	9425	9232	9088	8944	8799	8655	8511	Q	3600/2700
1,27	1,25	1,22	1,20	1,18	1,16	1,14	1,12	1,10	v	

Maulquerschnitte, $b:h = 2:1,25$.

1:2400	1:2500	1:2600	1:2700	1:2800	1:2900	1:3000	1:3100	1:3200		Breite/Höhe
1539	1509	1479	1449	1426	1404	1381	1358	1336	Q	2000/1250
0,79	0,78	0,76	0,75	0,74	0,72	0,71	0,70	0,69	v	
2508	2458	2409	2360	2323	2286	2249	2213	2176	Q	2400/1500
0,90	0,88	0,86	0,85	0,83	0,82	0,81	0,79	0,78	v	
3782	3708	3634	3560	3504	3449	3393	3337	3282	Q	2800/1750
1,00	0,98	0,96	0,94	0,92	0,91	0,89	0,88	0,86	v	
5395	5289	5184	5078	4998	4919	4840	4760	4681	Q	3200/2000
1,09	1,07	1,05	1,02	1,01	0,99	0,98	0,96	0,94	v	
9746	9555	9364	9173	9030	8886	8743	8600	8456	Q	4000/2500
1,26	1,23	1,21	1,18	1,17	1,15	1,13	1,11	1,09	v	

1:2400	1:2500	1:2600	1:2700	1:2800	1:2900	1:3000	1:3100	1:3200	Gefälle
0,42‰	0,40‰	0,38‰	0,37‰	0,36‰	0,34‰	0,33‰	0,32‰	0,31‰	

Gedrückte Ei-,

Lichter Querschnitt		1:3300	1:3400	1:3500	1:3600	1:3700	1:3800	1:3900	1:4000	1:4250
Breite und Höhe in mm	Q in l/s	$0,303^0/_{00}$	$0,294^0/_{00}$	$0,286^0/_{00}$	$0,278^0/_{00}$	$0,270^0/_{00}$	$0,263^0/_{00}$	$0,256^0/_{00}$	$0,250^0/_{00}$	$0,235^0/_{00}$
		0,000303	0,000294	0,000286	0,000278	0,000270	0,000263	0,000256	0,000250	0,000235
	v in m/s	0,0174	0,0172	0,0169	0,0167	0,0164	0,0162	0,0160	0,0158	0,0153

Nr. 5. Gedrückte

		1:3300	1:3400	1:3500	1:3600	1:3700	1:3800	1:3900	1:4000	1:4250
1200/1200	Q	633	625	615	607	596	589	582	575	556
	v	0,57	0,56	0,55	0,54	0,53	0,53	0,52	0,52	0,50
1400/1400	Q	972	960	944	933	916	905	893	882	854
	v	0,64	0,63	0,62	0,61	0,60	0,60	0,59	0,58	0,56
1600/1600	Q	1390	1374	1350	1334	1310	1294	1278	1262	1223
	v	0,70	0,69	0,68	0,67	0,66	0,65	0,64	0,64	0,62
1800/1800	Q	1905	1883	1850	1828	1796	1774	1752	1730	1675
	v	0,76	0,75	0,74	0,73	0,72	0,71	0,70	0,69	0,67
2000/2000	Q	2524	2495	2451	2422	2379	2350	2321	2292	2219
	v	0,82	0,81	0,79	0,78	0,77	0,76	0,75	0,74	0,72
2400/2400	Q	4100	4053	3982	3935	3865	3817	3770	3723	3605
	v	0,92	0,91	0,89	0,88	0,87	0,86	0,85	0,83	0,81
2800/2800	Q	6171	6101	5994	5923	5817	5746	5675	5604	5427
	v	1,02	1,00	0,99	0,98	0,96	0,95	0,93	0,92	0,89
3200/3200	Q	8785	8684	8533	8432	8280	8179	8078	7977	7725
	v	1,11	1,10	1,08	1,06	1,04	1,03	1,02	1,01	0,97

Nr. 6. Normale

		1:3300	1:3400	1:3500	1:3600	1:3700	1:3800	1:3900	1:4000	1:4250
1600/1200	Q	964	953	936	925	909	898	886	875	848
	v	0,63	0,63	0,62	0,61	0,60	0,59	0,58	0,58	0,56
2000/1500	Q	1753	1733	1703	1683	1653	1633	1612	1592	1542
	v	0,74	0,73	0,72	0,71	0,70	0,69	0,68	0,67	0,65
2400/1800	Q	2853	2820	2771	2738	2689	2656	2623	2591	2509
	v	0,83	0,82	0,81	0,80	0,79	0,78	0,77	0,76	0,73
2800/2100	Q	4299	4250	4176	4126	4052	4003	3953	3904	3781
	v	0,92	0,91	0,90	0,89	0,87	0,86	0,85	0,84	0,81
3200/2400	Q	6126	6056	5950	5880	5774	5704	5633	5563	5387
	v	1,01	0,99	0,98	0,97	0,95	0,94	0,93	0,91	0,88
3600/2700	Q	8367	8270	8126	8030	7886	7790	7693	7597	7357
	v	1,09	1,07	1,05	1,04	1,02	1,01	1,00	0,99	0,95

Nr. 7. Gedrückte

		1:3300	1:3400	1:3500	1:3600	1:3700	1:3800	1:3900	1:4000	1:4250
2000/1250	Q	1313	1298	1275	1260	1238	1222	1207	1192	1155
	v	0,68	0,67	0,66	0,65	0,64	0,63	0,62	0,62	0,60
2400/1500	Q	2139	2114	2077	2053	2016	1991	1967	1942	1881
	v	0,77	0,76	0,75	0,74	0,72	0,71	0,71	0,70	0,67
2800/1750	Q	3226	3189	3134	3096	3041	3004	2967	2930	2837
	v	0,85	0,84	0,83	0,82	0,80	0,79	0,78	0,77	0,75
3200/2000	Q	4602	4549	4470	4417	4337	4284	4232	4179	4046
	v	0,93	0,92	0,90	0,89	0,87	0,86	0,85	0,84	0,82
4000/2500	Q	8313	8218	8074	7979	7835	7740	7644	7549	7310
	v	1,07	1,06	1,04	1,02	1,01	1,00	0,99	0,97	0,94

Gefälle	1:3300	1:3400	1:3500	1:3600	1:3700	1:3800	1:3900	1:4000	1:4250
	$0,303^0/_{00}$	$0,294^0/_{00}$	$0,286^0/_{00}$	$0,278^0/_{00}$	$0,270^0/_{00}$	$0,263^0/_{00}$	$0,256^0/_{00}$	$0,250^0/_{00}$	$0,235^0/_{00}$

normale und gedrückte Maulquerschnitte.

1:4500	1:4750	1:5000	1:5500	1:6000	1:7000	1:8000	1:9000	1:10000		Lichter Querschnitt
$0,222^0/_{00}$	$0,211^0/_{00}$	$0,200^0/_{00}$	$0,182^0/_{00}$	$0,167^0/_{00}$	$0,143^0/_{00}$	$0,125^0/_{00}$	$0,111^0/_{00}$	$0,100^0/_{00}$	Q in l/s	Breite
0,000222	0,000211	0,000200	0,000182	0,000167	0,000143	0,000125	0,000111	0,000100	v in	und Höhe
0,0149	0,0145	0,0141	0,01349	0,01292	0,01196	0,01118	0,01054	0,01000	m/s	in mm

Eiquerschnitte, $b:h = 2:2.$

1:4500	1:4750	1:5000	1:5500	1:6000	1:7000	1:8000	1:9000	1:10000		Breite/Höhe
542	527	513	491	470	435	407	383	364	Q	1200/1200
0,49	0,47	0,46	0,44	0,42	0,39	0,36	0,34	0,33	v	
832	810	787	753	721	668	624	589	558	Q	1400/1400
0,55	0,53	0,52	0,50	0,48	0,44	0,41	0,39	0,37	v	
1191	1159	1127	1078	1032	956	893	842	799	Q	1600/1600
0,60	0,58	0,57	0,54	0,52	0,48	0,45	0,42	0,40	v	
1631	1588	1544	1477	1415	1310	1224	1154	1095	Q	1800/1800
0,65	0,63	0,62	0,59	0,56	0,52	0,49	0,46	0,44	v	
2161	2103	2045	1957	1874	1735	1622	1529	1451	Q	2000/2000
0,70	0,68	0,66	0,63	0,61	0,56	0,52	0,49	0,47	v	
3511	3417	3323	3179	3044	2818	2634	2484	2356	Q	2400/2400
0,79	0,77	0,75	0,71	0,68	0,63	0,59	0,56	0,53	v	
5285	5143	5001	4785	4582	4242	3965	3738	3547	Q	2800/2800
0,87	0,85	0,82	0,79	0,75	0,70	0,65	0,62	0,58	v	
7523	7321	7119	6811	6523	6039	5645	5322	5049	Q	3200/3200
0,95	0,92	0,90	0,86	0,82	0,76	0,71	0,67	0,64	v	

Maulquerschnitte, $b:h = 2:1,5.$

1:4500	1:4750	1:5000	1:5500	1:6000	1:7000	1:8000	1:9000	1:10000		Breite/Höhe
825	803	781	747	716	663	619	584	554	Q	1600/1200
0,54	0,53	0,51	0,49	0,47	0,44	0,41	0,38	0,36	v	
1502	1461	1421	1359	1302	1205	1127	1062	1008	Q	2000/1500
0,63	0,61	0,60	0,57	0,55	0,51	0,47	0,45	0,42	v	
2443	2377	2312	2212	2118	1961	1833	1728	1640	Q	2400/1800
0,71	0,69	0,68	0,65	0,62	0,57	0,54	0,50	0,48	v	
3682	3583	3484	3333	3192	2955	2762	2604	2471	Q	2800/2100
0,79	0,77	0,75	0,72	0,68	0,63	0,59	0,56	0,53	v	
5246	5105	4964	4750	4549	4211	3936	3711	3521	Q	3200/2400
0,86	0,84	0,82	0,78	0,75	0,69	0,65	0,61	0,58	v	
7165	6972	6780	6487	6212	5751	5376	5068	4808	Q	3600/2700
0,93	0,90	0,88	0,84	0,81	0,75	0,70	0,66	0,62	v	

Maulquerschnitte, $b:h = 2:1,25.$

1:4500	1:4750	1:5000	1:5500	1:6000	1:7000	1:8000	1:9000	1:10000		Breite/Höhe
1124	1094	1064	1018	975	903	844	795	755	Q	2000/1250
0,58	0,56	0,55	0,53	0,50	0,47	0,44	0,41	0,39	v	
1832	1782	1733	1658	1588	1470	1374	1296	1229	Q	2400/1500
0,66	0,64	0,62	0,59	0,57	0,53	0,49	0,46	0,44	v	
2763	2689	2615	2501	2396	2218	2073	1954	1854	Q	2800/1750
0,73	0,71	0,69	0,66	0,63	0,58	0,55	0,51	0,49	v	
3941	3835	3729	3568	3417	3163	2957	2788	2645	Q	3200/2000
0,79	0,77	0,75	0,72	0,69	0,64	0,60	0,56	0,53	v	
7119	6928	6736	6445	6173	5714	5341	5036	4778	Q	4000/2500
0,92	0,89	0,87	0,83	0,80	0,74	0,69	0,65	0,62	v	

1:4500	1:4750	1:5000	1:5500	1:6000	1:7000	1:8000	1:9000	1:10000	Gefälle
$0,222^0/_{00}$	$0,211^0/_{00}$	$0,200^0/_{00}$	$0,182^0/_{00}$	$0,167^0/_{00}$	$0,143^0/_{00}$	$0,125^0/_{00}$	$0,111^0/_{00}$	$0,100^0/_{00}$	

Überhöhte Maulquerschnitte,

Lichter Querschnitt Breite und Höhe in mm	Q in l/s v in m/s	Fläche F in m²	Umfang U in m	Hydraul. Radius $R=\dfrac{\text{Fläche}}{\text{Umfang}}$ in m	$Q_1=F\cdot\dfrac{a\cdot R}{b+\sqrt{R}}$ in l/s $v_1=\dfrac{a\cdot R}{b+\sqrt{R}}$ in m/s	1 : 10 100⁰/₀₀ $J=0,100$ $\sqrt{J}=0,316$	1 : 15 67,0⁰/₀₀ 0,067 0,258	1 : 20 50,0⁰/₀₀ 0,050 0,224	1 : 25 40,0⁰/₀₀ 0,0400 0,200	1 : 30 33,3⁰/₀₀ 0,0333 0,183

Nr. 8. Überhöhte

Breite und Höhe in mm		Fläche F	Umfang U	R	Q_1 / v_1	1 : 10	1 : 15	1 : 20	1 : 25	1 : 30
1400/1400	Q	1,6552	4,6221	0,3581	62497	19749	16124	13999	12499	11437
	v				37,76	11,93	9,74	8,46	7,55	6,91
1600/1600	Q	2,1619	5,2824	0,4093	89401	28251	23065	20026	17880	16360
	v				41,35	13,07	10,67	9,26	8,27	7,57
1800/1800	Q	2,7362	5,9427	0,4604	122480	38704	31600	27436	24496	22414
	v				44,76	14,14	11,55	10,03	8,95	8,19
2000/2000	Q	3,3780	6,6030	0,5116	162231	51265	41856	36340	32446	29688
	v				48,03	15,18	12,39	10,76	9,61	8,79
2400/2400	Q	4,8643	7,9236	0,6139	263444	83248	67969	59011	52689	48210
	v				54,16	17,11	13,97	12,13	10,83	9,91
2800/2800	Q	6,6209	9,2442	0,7162	396383	125257	102267	88790	79277	72538
	v				59,87	18,92	15,45	13,41	11,97	10,96
3200/3200	Q	8,6477	10,5648	0,8185	564121	178262	145543	126363	112824	103234
	v				65,23	20,61	16,83	14,61	13,05	11,94

Nr. 9. Rinnenquerschnitte

Querschnitt		Fläche F	Umfang U	R	Q_1 / v_1	1 : 10	1 : 15	1 : 20	1 : 25	1 : 30
Voller Querschnitt	Q	2,6742	6,2519	0,4277	113918	35998	29391	25518	22784	20847
	v				42,60	13,46	10,99	9,54	8,52	7,80
1650/2200 Rinne	Q	0,3274	1,4916	0,2195	8780	2774	2265	1967	1756	1607
	v				26,82	8,48	6,92	6,01	5,36	4,91
Voller Querschnitt	Q	3,1825	6,8202	0,4666	143740	45422	37085	32198	28748	26304
	v				45,17	14,27	11,65	10,12	9,03	8,27
1800/2400 Rinne	Q	0,3896	1,6272	0,2394	11112	3511	2867	2489	2222	2033
	v				28,52	9,01	7,36	6,39	5,70	5,22
Voller Querschnitt	Q	4,3317	7,9569	0,5444	216778	68502	55929	48558	43356	39670
	v				50,04	15,81	12,91	11,21	10,01	9,16
2100/2800 Rinne	Q	0,5303	1,8984	0,2793	16860	5328	4350	3777	3372	3085
	v				31,79	10,05	8,20	7,12	6,36	5,82

Nr. 10. Rinnenquerschnitte

Querschnitt		Fläche F	Umfang U	R	Q_1 / v_1	1 : 10	1 : 15	1 : 20	1 : 25	1 : 30
Voller Querschnitt	Q	4,9568	8,5319	0,5810	258930	81822	66804	58000	51786	47384
	v				52,24	16,51	13,48	11,70	10,45	9,56
2600/2600 Rinne	Q	0,6642	2,0423	0,3252	23471	7417	6056	5258	4694	4295
	v				35,34	11,17	9,12	7,92	7,08	6,47
Voller Querschnitt	Q	5,7487	9,1882	0,6257	315243	99617	81333	70614	63049	57689
	v				54,84	17,33	14,15	12,28	10,97	10,04
2800/2800 Rinne	Q	0,7703	2,1994	0,3502	28644	9052	7390	6416	5729	5242
	v				37,19	11,75	9,60	8,33	7,44	6,81
Voller Querschnitt	Q	7,5085	10,5008	0,7150	449032	141894	115850	100583	89806	82173
	v				59,80	18,89	15,43	13,40	11,96	10,94
3200/3200 Rinne	Q	1,0061	2,5136	0,4003	40984	12951	10574	9180	8197	7500
	v				40,74	12,87	10,51	9,13	8,15	7,46

Gefälle						1 : 10 100⁰/₀₀	1 : 15 67,0⁰/₀₀	1 : 20 50,0⁰/₀₀	1 : 25 40,0⁰/₀₀	1 : 30 33,3⁰/₀₀

Rinnenquerschnitte.

1 : 35	1 : 40	1 : 45	1 : 50	1 : 55	1 : 60	1 : 65	1 : 70	1 : 75		Lichter Querschnitt
28,6⁰/₀₀	25,0⁰/₀₀	22,2⁰/₀₀	20,0⁰/₀₀	18,2⁰/₀₀	16,7⁰/₀₀	15,4⁰/₀₀	14,3⁰/₀₀	13,3⁰/₀₀	Q in l/s	Breite und Höhe in mm
0,0286	0,0250	0,0222	0,0200	0,0182	0,0167	0,0154	0,0143	0,0133		
0,169	0,158	0,149	0,141	0,1349	0,1292	0,1241	0,1196	0,1153	v in m/s	

Maulquerschnitte, $b : h = 2 : 2$.

1:35	1:40	1:45	1:50	1:55	1:60	1:65	1:70	1:75		Lichter Querschnitt
10562	9875	9312	8812	8431	8074	7756	7475	7206	Q	1400/1400
6,38	5,97	5,63	5,32	5,09	4,88	4,69	4,52	4,35	v	
15109	14125	13321	12606	12060	11551	11095	10692	10308	Q	1600/1600
6,99	6,53	6,16	5,83	5,58	5,34	5,13	4,95	4,77	v	
20699	19352	18250	17270	16523	15824	15200	14649	14122	Q	1800/1800
7,56	7,07	6,67	6,31	6,04	5,78	5,55	5,35	5,16	v	
27417	25632	24172	22875	21885	20960	20133	19403	18705	Q	2000/2000
8,12	7,59	7,16	6,77	6,48	6,21	5,96	5,74	5,54	v	
44522	41624	39253	37146	35539	34037	32693	31508	30375	Q	2400/2400
9,15	8,56	8,07	7,64	7,31	7,00	6,72	6,48	6,25	v	
66989	62629	59061	55890	53472	51213	49191	47407	45703	Q	2800/2800
10,12	9,46	8,92	8,44	8,08	7,74	7,43	7,16	6,90	v	
95336	89131	84054	79541	76100	72884	70007	67469	65043	Q	3200/3200
11,02	10,31	9,72	9,20	8,80	8,43	8,10	7,80	7,52	v	

mit einseitigem Auftritt, $b : h = 2 : 2,667$.

1:35	1:40	1:45	1:50	1:55	1:60	1:65	1:70	1:75		Lichter Querschnitt
19252	17999	16974	16062	15368	14718	14137	13625	13135	Q	Voller Querschnitt
7,20	6,73	6,35	6,00	5,75	5,50	5,29	5,09	4,91	v	1650/2200
1484	1387	1308	1238	1184	1134	1090	1050	1012	Q	Rinne
4,53	4,24	4,00	3,78	3,62	3,47	3,33	3,21	3,09	v	
24292	22711	21417	20267	19391	18571	17838	17191	16573	Q	Voller Querschnitt
7,63	7,14	6,73	6,37	6,09	5,84	5,61	5,40	5,21	v	1800/2400
1878	1756	1656	1567	1499	1436	1379	1329	1281	Q	Rinne
4,82	4,51	4,25	4,02	3,85	3,68	3,54	3,41	3,29	v	
36635	34251	32300	30566	29243	28008	26902	25927	24995	Q	Voller Querschnitt
8,46	7,91	7,46	7,06	6,75	6,47	6,21	5,98	5,77	v	2100/2800
2849	2664	2512	2377	2274	2178	2092	2016	1944	Q	Rinne
5,37	5,02	4,74	4,48	4,29	4,11	3,95	3,80	3,67	v	

mit beiderseitigem Auftritt, $b : h = 2 : 2$.

1:35	1:40	1:45	1:50	1:55	1:60	1:65	1:70	1:75		Lichter Querschnitt
43759	40911	38581	36509	34930	33454	32133	30968	29855	Q	Voller Querschnitt
8,83	8,25	7,79	7,37	7,05	6,75	6,48	6,25	6,02	v	2600/2600
3967	3708	3497	3309	3166	3032	2913	2807	2706	Q	Rinne
5,94	5,58	5,27	4,98	4,77	4,57	4,39	4,23	4,07	v	
53276	49808	46971	44449	42526	40729	39122	37703	36348	Q	Voller Querschnitt
9,27	8,66	8,17	7,73	7,40	7,09	6,81	6,56	6,32	v	2800/2800
4841	4526	4268	4039	3864	3701	3555	3426	3303	Q	Rinne
6,29	5,88	5,54	5,24	5,02	4,80	4,62	4,45	4,29	v	
75886	70947	66905	63313	60574	58015	55725	53704	51773	Q	Voller Querschnitt
10,11	9,45	8,91	8,43	8,07	7,73	7,42	7,15	6,89	v	3200/3200
6926	6475	6107	5779	5529	5295	5086	4902	4725	Q	Rinne
6,89	6,44	6,09	5,74	5,50	5,26	5,06	4,87	4,70	v	

1 : 35	1 : 40	1 : 45	1 : 50	1 : 55	1 : 60	1 : 65	1 : 70	1 : 75	Gefälle
28,6⁰/₀₀	25,0⁰/₀₀	22,2⁰/₀₀	20,0⁰/₀₀	18,2⁰/₀₀	16,7⁰/₀₀	15,4⁰/₀₀	14,3⁰/₀₀	13,3⁰/₀₀	

Überhöhte Maulquerschnitte,

Lichter Querschnitt Breite und Höhe in mm		1 : 80 12,5⁰/₀₀	1 : 85 11,8⁰/₀₀	1 : 90 11,1⁰/₀₀	1 : 95 10,5⁰/₀₀	1 : 100 10,0⁰/₀₀	1 : 105 9,5⁰/₀₀	1 : 110 9,1⁰/₀₀	1 : 115 8,7⁰/₀₀	1 : 120 8,3⁰/₀₀
	Q in l/s	0,0125	0,0118	0,0111	0,0105	0,0100	0,0095	0,0091	0,0087	0,0083
	v in m/s	0,1118	0,1086	0,1054	0,1025	0,1000	0,0975	0,0954	0,0933	0,0911

Nr. 8. Überhöhte

		1 : 80	1 : 85	1 : 90	1 : 95	1 : 100	1 : 105	1 : 110	1 : 115	1 : 120
1400/1400	Q	6987	6787	6587	6406	6250	6093	5962	5831	5693
	v	4,22	4,10	3,98	3,87	3,78	3,68	3,60	3,52	3,44
1600/1600	Q	9995	9709	9423	9164	8940	8717	8529	8341	8144
	v	4,62	4,49	4,36	4,24	4,14	4,03	3,94	3,86	3,77
1800/1800	Q	13693	13301	12909	12554	12248	11942	11685	11427	11158
	v	5,00	4,86	4,72	4,59	4,48	4,36	4,27	4,18	4,08
2000/2000	Q	18137	17618	17099	16629	16223	15818	15477	15136	14779
	v	5,37	5,22	5,06	4,92	4,80	4,68	4,58	4,48	4,38
2400/2400	Q	29453	28610	27767	27003	26344	25686	25133	24579	24000
	v	6,06	5,88	5,71	5,55	5,42	5,28	5,17	5,05	4,93
2800/2800	Q	44316	43047	41779	40629	39638	38647	37815	36983	36110
	v	6,69	6,50	6,31	6,14	5,99	5,84	5,71	5,59	5,45
3200/3200	Q	63069	61264	59458	57822	56412	55002	53817	52632	51391
	v	7,29	7,08	6,88	6,69	6,52	6,36	6,22	6,09	5,94

Nr. 9. Rinnenquerschnitte

		1 : 80	1 : 85	1 : 90	1 : 95	1 : 100	1 : 105	1 : 110	1 : 115	1 : 120
Voller Querschnitt	Q	12736	12371	12007	11677	11392	11107	10868	10629	10378
	v	4,76	4,63	4,49	4,37	4,26	4,15	4,06	3,97	3,88
1650/2200 Rinne	Q	982	954	925	900	878	856	838	819	800
	v	3,00	2,91	2,83	2,75	2,68	2,61	2,56	2,50	2,44
Voller Querschnitt	Q	16070	15610	15150	14733	14374	14015	13713	13411	13095
	v	5,05	4,91	4,76	4,63	4,52	4,40	4,31	4,21	4,11
1800/2400 Rinne	Q	1242	1207	1171	1139	1111	1083	1060	1037	1012
	v	3,19	3,10	3,01	2,92	2,85	2,78	2,72	2,66	2,60
Voller Querschnitt	Q	24236	23542	22848	22220	21678	21136	20681	20225	19748
	v	5,59	5,43	5,27	5,13	5,00	4,88	4,77	4,67	4,56
2100/2800 Rinne	Q	1885	1831	1777	1728	1686	1644	1608	1573	1536
	v	3,55	3,45	3,35	3,26	3,18	3,10	3,03	2,97	2,90

Nr. 10. Rinnenquerschnitte

		1 : 80	1 : 85	1 : 90	1 : 95	1 : 100	1 : 105	1 : 110	1 : 115	1 : 120
Voller Querschnitt	Q	28949	28120	27291	26540	25893	25246	24702	24158	23589
	v	5,84	5,67	5,51	5,35	5,22	5,09	4,98	4,87	4,76
2600/2600 Rinne	Q	2624	2549	2474	2406	2347	2288	2239	2190	2138
	v	3,95	3,84	3,72	3,62	3,53	3,45	3,37	3,30	3,22
Voller Querschnitt	Q	35244	34235	33227	32312	31524	30736	30074	29412	28719
	v	6,13	5,96	5,78	5,62	5,48	5,35	5,23	5,12	5,00
2800/2800 Rinne	Q	3202	3111	3019	2936	2864	2793	2733	2672	2609
	v	4,16	4,04	3,92	3,81	3,72	3,63	3,55	3,47	3,39
Voller Querschnitt	Q	50202	48764	47328	46026	44903	43781	42838	41895	40907
	v	6,69	6,49	6,30	6,13	5,98	5,83	5,70	5,58	5,45
3200/3200 Rinne	Q	4582	4451	4320	4201	4098	3996	3910	3824	3734
	v	4,55	4,42	4,29	4,18	4,07	3,97	3,89	3,80	3,71

Gefälle	1 : 80 12,5⁰/₀₀	1 : 85 11,8⁰/₀₀	1 : 90 11,1⁰/₀₀	1 : 95 10,5⁰/₀₀	1 : 100 10,0⁰/₀₀	1 : 105 9,5⁰/₀₀	1 : 110 9,1⁰/₀₀	1 : 115 8,7⁰/₀₀	1 : 120 8,3⁰/₀₀

Rinnenquerschnitte.

1 : 125	1 : 130	1 : 135	1 : 140	1 : 145	1 : 150	1 : 155	1 : 160	1 : 165		Lichter Querschnitt
8,0⁰/₀₀	7,7⁰/₀₀	7,4⁰/₀₀	7,1⁰/₀₀	6,9⁰/₀₀	6,7⁰/₀₀	6,5⁰/₀₀	6,3⁰/₀₀	6,1⁰/₀₀	Q in l/s	Breite und Höhe
0,0080	0,0077	0,0074	0,0071	0,0069	0,0067	0,0065	0,0063	0,0061	v in m/s	in mm
0,0894	0,0878	0,0860	0,0843	0,0831	0,0819	0,0806	0,0794	0,0781		

Maulquerschnitte, $b : h = 2 : 2$.

1 : 125	1 : 130	1 : 135	1 : 140	1 : 145	1 : 150	1 : 155	1 : 160	1 : 165		Breite und Höhe in mm
5587	5487	5375	5268	5194	5119	5037	4962	4881	Q	1400/1400
3,38	3,32	3,25	3,18	3,14	3,09	3,04	3,00	2,95	v	
7992	7849	7688	7537	7429	7322	7206	7098	6982	Q	1600/1600
3,70	3,64	3,56	3,49	3,44	3,39	3,33	3,28	3,23	v	
10950	10754	10533	10325	10178	10031	9872	9725	9566	Q	1800/1800
4,00	3,93	3,85	3,77	3,72	3,67	3,61	3,55	3,50	v	
14503	14244	13952	13676	13481	13287	13076	12881	12670	Q	2000/2000
4,29	4,22	4,13	4,05	3,99	3,93	3,87	3,81	3,75	v	
23552	23130	22656	22208	21892	21576	21236	20917	20575	Q	2400/2400
4,84	4,76	4,66	4,57	4,50	4,44	4,37	4,30	4,23	v	
35437	34802	34089	33415	32939	32464	31948	31473	30958	Q	2800/2800
5,35	5,26	5,15	5,04	4,98	4,90	4,83	4,75	4,68	v	
50432	49530	48514	47555	46878	46202	45468	44791	44058	Q	3200/3200
5,83	5,73	5,61	5,50	5,42	5,34	5,26	5,18	5,09	v	

mit einseitigem Auftritt, $b : h = 2 : 2,667$.

1 : 125	1 : 130	1 : 135	1 : 140	1 : 145	1 : 150	1 : 155	1 : 160	1 : 165		Breite und Höhe in mm
10184	10002	9797	9603	9467	9330	9182	9045	8897	Q	Voller Querschnitt
3,81	3,74	3,66	3,59	3,54	3,49	3,43	3,38	3,33	v	1650/2200
785	771	755	740	730	719	708	697	686	Q	Rinne
2,40	2,35	2,31	2,26	2,23	2,20	2,16	2,13	2,09	v	
12850	12620	12362	12117	11945	11772	11585	11413	11226	Q	Voller Querschnitt
4,04	3,97	3,88	3,81	3,75	3,70	3,64	3,59	3,53	v	1800/2400
993	976	956	937	923	910	896	882	868	Q	Rinne
2,55	2,50	2,45	2,40	2,37	2,34	2,30	2,26	2,23	v	
19380	19033	18643	18274	18014	17754	17472	17212	16930	Q	Voller Querschnitt
4,47	4,39	4,30	4,22	4,16	4,10	4,03	3,97	3,91	v	2100/2800
1507	1480	1450	1421	1401	1381	1359	1339	1317	Q	Rinne
2,84	2,79	2,73	2,68	2,64	2,60	2,56	2,52	2,48	v	

mit beiderseitigem Auftritt, $b : h = 2 : 2$.

1 : 125	1 : 130	1 : 135	1 : 140	1 : 145	1 : 150	1 : 155	1 : 160	1 : 165		Breite und Höhe in mm
23148	22734	22268	21828	21517	21206	20870	20559	20222	Q	Voller Querschnitt
4,67	4,59	4,49	4,40	4,34	4,28	4,21	4,15	4,08	v	2600/2600
2098	2061	2019	1979	1950	1922	1892	1864	1833	Q	Rinne
3,16	3,10	3,04	2,98	2,94	2,89	2,85	2,81	2,76	v	
28183	27678	27111	26575	26197	25818	25409	25030	24620	Q	Voller Querschnitt
4,90	4,81	4,72	4,62	4,56	4,49	4,42	4,35	4,28	v	2800/2800
2561	2515	2463	2415	2380	2346	2309	2274	2237	Q	Rinne
3,32	3,30	3,20	3,14	3,09	3,05	3,00	2,95	2,90	v	
40143	39425	38617	37853	37315	36776	36192	35653	35069	Q	Voller Querschnitt
5,35	5,25	5,14	5,04	4,97	4,90	4,82	4,75	4,67	v	3200/3200
3664	3598	3525	3455	3406	3357	3303	3254	3201	Q	Rinne
3,64	3,58	3,50	3,43	3,39	3,34	3,28	3,23	3,18	v	

1 : 125	1 : 130	1 : 135	1 : 140	1 : 145	1 : 150	1 : 155	1 : 160	1 : 165	Gefälle
8,0⁰/₀₀	7,7⁰/₀₀	7,4⁰/₀₀	7,1⁰/₀₀	6,9⁰/₀₀	6,7⁰/₀₀	6,5⁰/₀₀	6,3⁰/₀₀	6,1⁰/₀₀	

Überhöhte Maulquerschnitte,

Lichter Querschnitt		1 : 170	1 : 175	1 : 180	1 : 185	1 : 190	1 : 195	1 : 200	1 : 210	1 : 220
Breite und Höhe in mm	Q in l/s	**5,9⁰/₀₀**	**5,7⁰/₀₀**	**5,6⁰/₀₀**	**5,4⁰/₀₀**	**5,3⁰/₀₀**	**5,1⁰/₀₀**	**5,0⁰/₀₀**	**4,8⁰/₀₀**	**4,5⁰/₀₀**
		0,0059	0,0057	0,0056	0,0054	0,0053	0,0051	0,0050	0,0048	0,0045
	v in m/s	0,0768	0,0756	0,0745	0,0735	0,0725	0,0716	0,0707	0,0690	0,0674

Nr. 8. Überhöhte

		1 : 170	1 : 175	1 : 180	1 : 185	1 : 190	1 : 195	1 : 200	1 : 210	1 : 220
1400/1400	Q	4800	4725	4656	4594	4531	4475	4419	4312	4212
	v	2,90	2,85	2,81	2,78	2,74	2,70	2,67	2,61	2,55
1600/1600	Q	6866	6759	6660	6571	6482	6401	6321	6169	6026
	v	3,18	3,13	3,08	3,04	3,00	2,96	2,92	2,85	2,79
1800/1800	Q	9406	9259	9125	9002	8880	8770	8659	8451	8255
	v	3,44	3,38	3,33	3,29	3,25	3,20	3,16	3,09	3,02
2000/2000	Q	12459	12265	12086	11924	11762	11616	11470	11194	10934
	v	3,69	3,63	3,58	3,53	3,48	3,44	3,40	3,31	3,24
2400/2400	Q	20232	19916	19627	19363	19100	18863	18625	18178	17756
	v	4,14	4,09	4,03	3,98	3,93	3,88	3,83	3,74	3,65
2800/2800	Q	30442	29967	29531	29134	28738	28381	28024	27350	26716
	v	4,60	4,53	4,46	4,40	4,34	4,29	4,23	4,13	4,04
3200/3200	Q	43324	42648	42027	41463	40899	40391	39883	38924	38022
	v	5,01	4,93	4,86	4,79	4,73	4,67	4,61	4,50	4,40

Nr. 9. Rinnenquerschnitte

		1 : 170	1 : 175	1 : 180	1 : 185	1 : 190	1 : 195	1 : 200	1 : 210	1 : 220
Voller Querschnitt	Q	8749	8612	8487	8373	8259	8157	8054	7860	7678
	v	3,27	3,22	3,17	3,13	3,09	3,05	3,01	2,94	2,87
1650/2200 Rinne	Q	674	664	654	645	637	629	621	606	592
	v	2,06	2,03	2,00	1,97	1,94	1,92	1,90	1,85	1,81
Voller Querschnitt	Q	11039	10867	10709	10565	10421	10292	10162	9918	9688
	v	3,47	3,41	3,37	3,32	3,27	3,23	3,19	3,12	3,04
1800/2400 Rinne	Q	853	840	828	817	806	796	786	767	749
	v	2,19	2,16	2,12	2,10	2,07	2,04	2,01	1,97	1,92
Voller Querschnitt	Q	16649	16388	16150	15933	15716	15521	15326	14958	14611
	v	3,84	3,78	3,72	3,68	3,63	3,58	3,54	3,45	3,37
2100/2800 Rinne	Q	1295	1275	1256	1239	1222	1207	1192	1163	1136
	v	2,44	2,40	2,37	2,34	2,30	2,28	2,25	2,19	2,14

Nr. 10. Rinnenquerschnitte

		1 : 170	1 : 175	1 : 180	1 : 185	1 : 190	1 : 195	1 : 200	1 : 210	1 : 220
Voller Querschnitt	Q	19886	19575	19290	19031	18772	18539	18306	17866	17452
	v	4,01	3,95	3,89	3,84	3,79	3,74	3,69	3,60	3,52
2600/2600 Rinne	Q	1803	1774	1749	1725	1702	1681	1659	1619	1582
	v	2,71	2,67	2,63	2,60	2,56	2,53	2,50	2,44	2,38
Voller Querschnitt	Q	24211	23832	23486	23170	22855	22571	22288	21752	21247
	v	4,21	4,15	4,09	4,03	3,98	3,93	3,88	3,78	3,70
2800/2800 Rinne	Q	2200	2165	2134	2105	2077	2051	2025	1976	1931
	v	2,85	2,81	2,77	2,73	2,70	2,66	2,63	2,57	2,51
Voller Querschnitt	Q	34486	33947	33453	33004	32555	32151	31747	30983	30265
	v	4,59	4,52	4,46	4,40	4,34	4,28	4,23	4,13	4,03
3200/3200 Rinne	Q	3148	3098	3053	3012	2971	2934	2898	2828	2762
	v	3,13	3,08	3,04	2,99	2,95	2,92	2,88	2,81	2,75
Gefälle		1 : 170	1 : 175	1 : 180	1 : 185	1 : 190	1 : 195	1 : 200	1 : 210	1 : 220
		5,9⁰/₀₀	**5,7⁰/₀₀**	**5,6⁰/₀₀**	**5,4⁰/₀₀**	**5,3⁰/₀₀**	**5,1⁰/₀₀**	**5,0⁰/₀₀**	**4,8⁰/₀₀**	**4,5⁰/₀₀**

Rinnenquerschnitte.

1 : 225	1 : 230	1 : 240	1 : 250	1 : 260	1 : 270	1 : 280	1 : 290	1 : 300		Lichter Querschnitt
$4,4^0/_{00}$	$4,3^0/_{00}$	$4,2^0/_{00}$	$4,0^0/_{00}$	$3,8^0/_{00}$	$3,7^0/_{00}$	$3,6^0/_{00}$	$3,4^0/_{00}$	$3,3^0/_{00}$	Q in l/s	Breite und Höhe
0,0044	0,0043	0,0042	0,0040	0,0038	0,0037	0,0036	0,0034	0,0033	v in m/s	in mm
0,0667	0,0659	0,0646	0,0633	0,0620	0,0609	0,0598	0,0587	0,0577		

Maulquerschnitte, $b : h = 2 : 2$.

1:225	1:230	1:240	1:250	1:260	1:270	1:280	1:290	1:300		
4169	4119	4037	3956	3875	3806	3737	3669	3606	Q	1400/1400
2,52	2,49	2,44	2,39	2,34	2,30	2,26	2,22	2,18	v	
5963	5892	5775	5659	5543	5445	5346	5248	5158	Q	1600/1600
2,76	2,72	2,67	2,62	2,56	2,52	2,47	2,43	2,39	v	
8169	8071	7912	7753	7594	7459	7324	7190	7067	Q	1800/1800
2,99	2,95	2,89	2,83	2,78	2,73	2,68	2,63	2,58	v	
10821	10691	10480	10269	10058	9880	9701	9523	9361	Q	2000/2000
3,20	3,17	3,10	3,04	2,98	2,93	2,87	2,82	2,77	v	
17572	17361	17018	16676	16334	16044	15754	15464	15201	Q	2400/2400
3,61	3,57	3,50	3,43	3,36	3,30	3,24	3,18	3,13	v	
26439	26122	25606	25091	24576	24140	23704	23268	22871	Q	2800/2800
3,99	3,95	3,87	3,79	3,71	3,65	3,58	3,51	3,45	v	
37627	37176	36442	35709	34976	34355	33734	33114	32550	Q	3200/3200
4,35	4,30	4,21	4,13	4,04	3,97	3,90	3,83	3,76	v	

mit einseitigem Auftritt, $b : h = 2 : 2,667$.

1:225	1:230	1:240	1:250	1:260	1:270	1:280	1:290	1:300		
7598	7507	7359	7211	7063	6938	6812	6687	6573	Q	Voller Querschnitt
2,84	2,81	2,75	2,70	2,64	2,59	2,55	2,50	2,46	v	1650/2200
586	579	567	556	544	535	525	515	507	Q	Rinne
1,79	1,77	1,73	1,70	1,66	1,63	1,60	1,57	1,55	v	
9587	9472	9286	9099	8912	8754	8596	8438	8294	Q	Voller Querschnitt
3,01	2,98	2,92	2,86	2,80	2,75	2,70	2,65	2,61	v	1800/2400
741	732	718	703	689	677	664	652	641	Q	Rinne
1,90	1,88	1,84	1,81	1,77	1,74	1,71	1,67	1,65	v	
14459	14286	14004	13722	13440	13202	12963	12725	12508	Q	Voller Querschnitt
3,34	3,30	3,23	3,17	3,10	3,05	2,99	2,94	2,88	v	2100/2800
1125	1111	1089	1067	1045	1027	1008	990	973	Q	Rinne
2,12	2,09	2,05	2,01	1,97	1,94	1,90	1,87	1,83	v	

mit beiderseitigem Auftritt, $b : h = 2 : 2$.

1:225	1:230	1:240	1:250	1:260	1:270	1:280	1:290	1:300		
17271	17063	16727	16390	16054	15769	15484	15199	14940	Q	Voller Querschnitt
3,48	3,44	3,37	3,31	3,24	3,18	3,12	3,07	3,01	v	2600/2600
1566	1547	1516	1486	1455	1429	1404	1378	1354	Q	Rinne
2,36	2,33	2,28	2,24	2,19	2,15	2,11	2,07	2,04	v	
21027	20775	20365	19955	19545	19198	18852	18505	18190	Q	Voller Querschnitt
3,66	3,61	3,54	3,47	3,40	3,34	3,28	3,22	3,16	v	2800/2800
1911	1888	1850	1813	1776	1744	1713	1681	1653	Q	Rinne
2,48	2,45	2,40	2,35	2,31	2,26	2,22	2,18	2,15	v	
29950	29591	29007	28424	27840	27346	26852	26358	25909	Q	Voller Querschnitt
3,99	3,94	3,86	3,79	3,71	3,64	3,58	3,51	3,45	v	3200/3200
2734	2701	2648	2594	2541	2496	2451	2406	2365	Q	Rinne
2,72	2,68	2,63	2,58	2,53	2,48	2,44	2,39	2,35	v	

1 : 225	1 : 230	1 : 240	1 : 250	1 : 260	1 : 270	1 : 280	1 : 290	1 : 300	Gefälle
$4,4^0/_{00}$	$4,3^0/_{00}$	$4,2^0/_{00}$	$4,0^0/_{00}$	$3,8^0/_{00}$	$3,7^0/_{00}$	$3,6^0/_{00}$	$3,4^0/_{00}$	$3,3^0/_{00}$	

Überhöhte Maulquerschnitte,

Lichter Querschnitt		1 : 310	1 : 320	1 : 330	1 : 340	1 : 350	1 : 360	1 : 370	1 : 380	1 : 390
Breite	Q in l/s	$3,2^0/_{00}$	$3,1^0/_{00}$	$3,0^0/_{00}$	$2,90^0/_{00}$	$2,86^0/_{00}$	$2,78^0/_{00}$	$2,70^0/_{00}$	$2,63^0/_{00}$	$2,56^0/_{00}$
und		0,0032	0,0031	0,0030	0,0029	0,00286	0,00278	0,00270	0,00263	0,00256
Höhe in mm	v in m/s	0,0568	0,0559	0,0550	0,0542	0,0535	0,0527	0,0520	0,0513	0,0506

Nr. 8. Überhöhte

		1 : 310	1 : 320	1 : 330	1 : 340	1 : 350	1 : 360	1 : 370	1 : 380	1 : 390
1400/1400	Q	3550	3494	3437	3387	3344	3294	3250	3206	3162
	v	2,14	2,11	2,08	2,05	2,02	1,99	1,96	1,94	1,91
1600/1600	Q	5078	4998	4917	4846	4783	4711	4649	4586	4524
	v	2,35	2,31	2,27	2,24	2,21	2,18	2,15	2,12	2,09
1800/1800	Q	6957	6847	6736	6639	6553	6455	6369	6283	6197
	v	2,54	2,50	2,46	2,43	2,39	2,36	2,33	2,30	2,26
2000/2000	Q	9215	9069	8923	8793	8679	8550	8436	8322	8209
	v	2,73	2,68	2,64	2,60	2,57	2,53	2,50	2,46	2,43
2400/2400	Q	14964	14727	14489	14279	14094	13883	13699	13514	13330
	v	3,08	3,03	2,98	2,94	2,90	2,85	2,82	2,78	2,74
2800/2800	Q	22515	22158	21801	21484	21206	20889	20612	20334	20057
	v	3,40	3,35	3,29	3,24	3,20	3,16	3,11	3,07	3,03
3200/3200	Q	32042	31534	31027	30575	30180	29729	29334	28939	28545
	v	3,71	3,65	3,59	3,54	3,49	3,44	3,39	3,35	3,30

Nr. 9. Rinnenquerschnitte

		1 : 310	1 : 320	1 : 330	1 : 340	1 : 350	1 : 360	1 : 370	1 : 380	1 : 390
Voller Querschnitt	Q	6471	6368	6265	6174	6095	6003	5924	5844	5764
	v	2,42	2,38	2,34	2,31	2,28	2,25	2,22	2,19	2,16
1650/2200 Rinne	Q	499	491	483	476	470	463	457	450	444
	v	1,52	1,50	1,48	1,45	1,43	1,41	1,39	1,38	1,36
Voller Querschnitt	Q	8164	8035	7906	7791	7690	7575	7474	7374	7273
	v	2,57	2,53	2,48	2,45	2,42	2,38	2,35	2,32	2,29
1800/2400 Rinne	Q	631	621	611	602	594	586	578	570	562
	v	1,62	1,59	1,57	1,55	1,53	1,50	1,48	1,46	1,44
Voller Querschnitt	Q	12313	12118	11923	11749	11598	11424	11272	11121	10969
	v	2,84	2,80	2,75	2,71	2,68	2,64	2,60	2,57	2,53
2100/2800 Rinne	Q	958	942	927	914	902	889	877	865	853
	v	1,81	1,78	1,75	1,72	1,70	1,68	1,65	1,63	1,61

Nr. 10. Rinnenquerschnitte

		1 : 310	1 : 320	1 : 330	1 : 340	1 : 350	1 : 360	1 : 370	1 : 380	1 : 390
Voller Querschnitt	Q	14707	14474	14241	14034	13853	13646	13464	13283	13102
	v	2,97	2,92	2,87	2,83	2,79	2,75	2,72	2,68	2,64
2600/2600 Rinne	Q	1333	1312	1291	1272	1256	1237	1220	1204	1188
	v	2,01	1,98	1,94	1,92	1,89	1,86	1,84	1,81	1,79
Voller Querschnitt	Q	17906	17622	17338	17086	16866	16613	16393	16172	15951
	v	3,11	3,07	3,02	2,97	2,93	2,89	2,85	2,81	2,77
2800/2800 Rinne	Q	1627	1601	1575	1553	1532	1510	1489	1469	1449
	v	2,11	2,08	2,05	2,02	1,99	1,96	1,93	1,91	1,88
Voller Querschnitt	Q	25505	25101	24697	24338	24023	23664	23350	23035	22721
	v	3,40	3,34	3,29	3,24	3,20	3,15	3,11	3,07	3,03
3200/3200 Rinne	Q	2328	2291	2254	2221	2193	2160	2131	2102	2074
	v	2,31	2,28	2,24	2,21	2,18	2,15	2,12	2,09	2,06

Gefälle	1 : 310	1 : 320	1 : 330	1 : 340	1 : 350	1 : 360	1 : 370	1 : 380	1 : 390
	$3,2^0/_{00}$	$3,1^0/_{00}$	$3,0^0/_{00}$	$2,90^0/_{00}$	$2,86^0/_{00}$	$2,78^0/_{00}$	$2,70^0/_{00}$	$2,63^0/_{00}$	$2,56^0/_{00}$

Rinnenquerschnitte.

1 : 400	1 : 410	1 : 420	1 : 430	1 : 440	1 : 450	1 : 460	1 : 470	1 : 480		Lichter Querschnitt
$2{,}50^0/_{00}$	$2{,}44^0/_{00}$	$2{,}38^0/_{00}$	$2{,}33^0/_{00}$	$2{,}27^0/_{00}$	$2{,}22^0/_{00}$	$2{,}17^0/_{00}$	$2{,}13^0/_{00}$	$2{,}08^0/_{00}$	Q in l/s	Breite und Höhe in mm
0,00250	0,00244	0,00238	0,00233	0,00227	0,00222	0,00217	0,00213	0,00208		
0,0500	0,0494	0,0488	0,0482	0,0477	0,0471	0,0466	0,0461	0,0456	v in m/s	

Maulquerschnitte, $b : h = 2 : 2$.

1:400	1:410	1:420	1:430	1:440	1:450	1:460	1:470	1:480		
3125	3087	3050	3012	2981	2944	2912	2881	2850	Q	1400/1400
1,89	1,87	1,84	1,82	1,80	1,78	1,76	1,74	1,72	v	
4470	4416	4363	4309	4264	4211	4166	4121	4077	Q	1600/1600
2,07	2,04	2,02	1,99	1,97	1,95	1,93	1,91	1,89	v	
6124	6051	5977	5904	5842	5769	5708	5646	5585	Q	1800/1800
2,24	2,21	2,18	2,16	2,14	2,11	2,09	2,06	2,04	v	
8112	8014	7917	7820	7738	7641	7560	7479	7398	Q	2000/2000
2,40	2,37	2,34	2,32	2,29	2,26	2,24	2,21	2,19	v	
13172	13014	12856	12698	12566	12408	12276	12145	12013	Q	2400/2400
2,71	2,68	2,64	2,61	2,58	2,55	2,52	2,50	2,47	v	
19819	19581	19343	19106	18907	18670	18471	18273	18075	Q	2800/2800
2,99	2,96	2,92	2,89	2,86	2,82	2,79	2,76	2,73	v	
28206	27868	27529	27191	26909	26570	26288	26006	25724	Q	3200/3200
3,26	3,22	3,18	3,14	3,11	3,07	3,04	3,01	2,97	v	

mit einseitigem Auftritt, $b : h = 2 : 2{,}667$.

1:400	1:410	1:420	1:430	1:440	1:450	1:460	1:470	1:480		
5696	5628	5559	5491	5434	5366	5309	5252	5195	Q	Voller Querschnitt
2,13	2,10	2,08	2,05	2,03	2,01	1,99	1,96	1,94	v	
439	434	428	423	419	414	409	405	400	Q	1650/2200
1,34	1,32	1,31	1,29	1,28	1,26	1,25	1,24	1,22	v	Rinne
7187	7101	7015	6928	6856	6770	6698	6626	6555	Q	Voller Querschnitt
2,26	2,23	2,20	2,18	2,15	2,13	2,10	2,08	2,06	v	
556	549	542	536	530	523	518	512	507	Q	1800/2400
1,42	1,41	1,39	1,37	1,36	1,34	1,33	1,31	1,30	v	Rinne
10839	10709	10579	10449	10340	10210	10102	9993	9885	Q	Voller Querschnitt
2,50	2,47	2,44	2,41	2,39	2,36	2,33	2,31	2,28	v	
843	833	823	813	804	794	786	777	769	Q	2100/2800
1,59	1,57	1,55	1,53	1,52	1,50	1,48	1,47	1,45	v	Rinne

mit beiderseitigem Auftritt, $b : h = 2 : 2$.

1:400	1:410	1:420	1:430	1:440	1:450	1:460	1:470	1:480		
12947	12791	12636	12480	12351	12196	12066	11937	11807	Q	Voller Querschnitt
2,61	2,58	2,55	2,52	2,49	2,46	2,43	2,41	2,38	v	
1174	1159	1145	1131	1120	1105	1094	1082	1070	Q	2600/2600
1,77	1,75	1,72	1,70	1,69	1,66	1,65	1,63	1,61	v	Rinne
15762	15573	15384	15195	15037	14848	14690	14533	14375	Q	Voller Querschnitt
2,74	2,71	2,68	2,64	2,61	2,58	2,56	2,53	2,50	v	
1432	1415	1398	1381	1366	1349	1335	1320	1306	Q	2800/2800
1,86	1,84	1,81	1,79	1,77	1,75	1,73	1,71	1,70	v	Rinne
22452	22182	21913	21643	21419	21149	20925	20700	20476	Q	Voller Querschnitt
2,99	2,95	2,92	2,88	2,85	2,82	2,79	2,76	2,73	v	
2049	2025	2000	1975	1955	1930	1910	1889	1869	Q	3200/3200
2,04	2,01	1,99	1,96	1,94	1,92	1,90	1,88	1,86	v	Rinne

1 : 400	1 : 410	1 : 420	1 : 430	1 : 440	1 : 450	1 : 460	1 : 470	1 : 480	
$2{,}50^0/_{00}$	$2{,}44^0/_{00}$	$2{,}38^0/_{00}$	$2{,}33^0/_{00}$	$2{,}27^0/_{00}$	$2{,}22^0/_{00}$	$2{,}17^0/_{00}$	$2{,}13^0/_{00}$	$2{,}08^0/_{00}$	Gefälle

Überhöhte Maulquerschnitte,

Lichter Querschnitt / Breite und Höhe in mm		1 : 490	1 : 500	1 : 525	1 : 550	1 : 575	1 : 600	1 : 650	1 : 700	1 : 750
		2,04⁰/₀₀	2,00⁰/₀₀	1,90⁰/₀₀	1,82⁰/₀₀	1,74⁰/₀₀	1,67⁰/₀₀	1,54⁰/₀₀	1,43⁰/₀₀	1,33⁰/₀₀
	Q in l/s	0,00204	0,00200	0,00190	0,00182	0,00174	0,00167	0,00154	0,00143	0,00133
	v in m/s	0,0452	0,0447	0,0436	0,0426	0,0417	0,0408	0,0392	0,0378	0,0365

Nr. 8. Überhöhte

Breite/Höhe		1 : 490	1 : 500	1 : 525	1 : 550	1 : 575	1 : 600	1 : 650	1 : 700	1 : 750
1400/1400	Q	2825	2794	2725	2662	2606	2550	2450	2362	2281
	v	1,71	1,69	1,65	1,61	1,57	1,54	1,48	1,43	1,38
1600/1600	Q	4041	3996	3898	3808	3728	3648	3505	3379	3263
	v	1,87	1,85	1,80	1,76	1,72	1,69	1,62	1,56	1,51
1800/1800	Q	5536	5475	5340	5218	5107	4998	4801	4630	4471
	v	2,02	2,00	1,95	1,91	1,87	1,83	1,75	1,69	1,63
2000/2000	Q	7333	7253	7073	6911	6765	6619	6359	6132	5921
	v	2,17	2,15	2,09	2,05	2,00	1,96	1,88	1,82	1,75
2400/2400	Q	11908	11776	11486	11223	10986	10749	10327	9958	9616
	v	2,45	2,42	2,36	2,31	2,26	2,21	2,12	2,05	1,98
2800/2800	Q	17917	17718	17282	16886	16529	16172	15538	14983	14468
	v	2,71	2,68	2,61	2,55	2,50	2,44	2,35	2,26	2,19
3200/3200	Q	25498	25216	24596	24032	23524	23016	22114	21324	20590
	v	2,95	2,92	2,84	2,78	2,72	2,66	2,56	2,47	2,38

Nr. 9. Rinnenquerschnitte

		1 : 490	1 : 500	1 : 525	1 : 550	1 : 575	1 : 600	1 : 650	1 : 700	1 : 750
Voller Querschnitt	Q	5149	5092	4967	4853	4750	4648	4466	4306	4158
	v	1,93	1,90	1,86	1,81	1,78	1,74	1,67	1,61	1,55
1650/2200 Rinne	Q	397	392	383	374	366	358	344	332	320
	v	1,21	1,20	1,17	1,14	1,12	1,09	1,05	1,01	0,98
Voller Querschnitt	Q	6497	6425	6267	6123	5994	5865	5635	5433	5247
	v	2,04	2,02	1,97	1,92	1,88	1,84	1,77	1,71	1,65
1800/2400 Rinne	Q	502	497	484	473	463	453	436	420	406
	v	1,29	1,27	1,24	1,21	1,19	1,16	1,12	1,08	1,04
Voller Querschnitt	Q	9798	9690	9452	9235	9040	8845	8498	8194	7912
	v	2,26	2,24	2,18	2,13	2,09	2,04	1,99	1,89	1,82
2100/2800 Rinne	Q	762	754	735	718	703	688	661	637	615
	v	1,44	1,42	1,39	1,35	1,33	1,30	1,25	1,20	1,16

Nr. 10. Rinnenquerschnitte

		1 : 490	1 : 500	1 : 525	1 : 550	1 : 575	1 : 600	1 : 650	1 : 700	1 : 750
Voller Querschnitt	Q	11704	11574	11289	11030	10797	10564	10150	9788	9451
	v	2,36	2,34	2,28	2,23	2,18	2,13	2,05	1,97	1,91
2600/2600 Rinne	Q	1061	1049	1023	1000	978	958	920	887	857
	v	1,60	1,58	1,54	1,51	1,47	1,44	1,39	1,34	1,29
Voller Querschnitt	Q	14249	14091	13745	13429	13146	12862	12358	11916	11506
	v	2,48	2,45	2,39	2,34	2,29	2,24	2,15	2,07	2,00
2800/2800 Rinne	Q	1295	1280	1249	1220	1195	1169	1123	1083	1046
	v	1,68	1,66	1,62	1,58	1,55	1,52	1,46	1,41	1,36
Voller Querschnitt	Q	20296	20072	19578	19129	18725	18321	17602	16973	16390
	v	2,70	2,67	2,61	2,55	2,49	2,44	2,34	2,26	2,18
3200/3200 Rinne	Q	1852	1832	1787	1746	1709	1672	1607	1549	1496
	v	1,84	1,82	1,78	1,74	1,70	1,66	1,60	1,54	1,49

Gefälle	1 : 490	1 : 500	1 : 525	1 : 550	1 : 575	1 : 600	1 : 650	1 : 700	1 : 750
	2,04⁰/₀₀	2,00⁰/₀₀	1,90⁰/₀₀	1,82⁰/₀₀	1,74⁰/₀₀	1,67⁰/₀₀	1,54⁰/₀₀	1,43⁰/₀₀	1,33⁰/₀₀

Rinnenquerschnitte.

1 : 800	1 : 850	1 : 900	1 : 950	1 : 1000	1 : 1100	1 : 1200	1 : 1300	1: 1400		Lichter Querschnitt
$1{,}25^0/_{00}$	$1{,}18^0/_{00}$	$1{,}11^0/_{00}$	$1{,}05^0/_{00}$	$1{,}00^0/_{00}$	$0{,}91^0/_{00}$	$0{,}83^0/_{00}$	$0{,}77^0/_{00}$	$0{,}71^0/_{00}$	Q in l/s	Breite
0,00125	0,00118	0,00111	0,00105	0,00100	0,00091	0,00083	0,00077	0,00071		und Höhe
0,0354	0,0343	0,0333	0,0324	0,0316	0,0302	0,0288	0,0277	0,0267	v in m/s	in mm

Maulquerschnitte, $b : h = 2 : 2$.

1 : 800	1 : 850	1 : 900	1 : 950	1 : 1000	1 : 1100	1 : 1200	1 : 1300	1: 1400		
2212	2144	2081	2025	1975	1887	1800	1731	1667	Q	1400/1400
1,34	*1,30*	*1,26*	*1,22*	*1,19*	*1,14*	*1,09*	*1,05*	*1,01*	v	
3165	3066	2977	2897	2825	2700	2575	2476	2387	Q	1600/1600
1,46	*1,42*	*1,38*	*1,34*	*1,31*	*1,25*	*1,19*	*1,15*	*1,10*	v	
4336	4201	4079	3968	3870	3699	3527	3393	3270	Q	1800/1800
1,58	*1,54*	*1,49*	*1,45*	*1,41*	*1,35*	*1,29*	*1,24*	*1,20*	v	
5743	5565	5402	5256	5127	4899	4672	4494	4332	Q	2000/2000
1,70	*1,65*	*1,60*	*1,56*	*1,52*	*1,45*	*1,38*	*1,33*	*1,28*	v	
9326	9036	8773	8536	8325	7956	7587	7297	7034	Q	2400/2400
1,92	*1,86*	*1,80*	*1,75*	*1,71*	*1,64*	*1,56*	*1,50*	*1,45*	v	
14032	13596	13200	12843	12526	11971	11416	10980	10583	Q	2800/2800
2,12	*2,05*	*1,99*	*1,94*	*1,89*	*1,81*	*1,72*	*1,66*	*1,60*	v	
19970	19349	18785	18278	17826	17036	16247	15626	15062	Q	3200/3200
2,31	*2,24*	*2,17*	*2,11*	*2,06*	*1,97*	*1,88*	*1,81*	*1,74*	v	

mit einseitigem Auftritt, $b : h = 2 : 2{,}667$.

1 : 800	1 : 850	1 : 900	1 : 950	1 : 1000	1 : 1100	1 : 1200	1 : 1300	1: 1400		
4033	3907	3793	3691	3600	3440	3281	3156	3042	Q	Voller Querschnitt
1,51	*1,46*	*1,42*	*1,38*	*1,35*	*1,29*	*1,23*	*1,18*	*1,14*	v	
311	301	292	284	277	265	253	243	234	Q	1650/2200
0,95	*0,91*	*0,89*	*0,87*	*0,85*	*0,84*	*0,77*	*0,74*	*0,72*	v	Rinne
5088	4930	4787	4657	4542	4341	4140	3982	3838	Q	Voller Querschnitt
1,60	*1,55*	*1,50*	*1,46*	*1,41*	*1,36*	*1,30*	*1,25*	*1,21*	v	
393	381	370	360	351	336	320	308	297	Q	1800/2400
1,01	*0,98*	*0,95*	*0,92*	*0,90*	*0,86*	*0,82*	*0,79*	*0,76*	v	Rinne
7674	7435	7219	7024	6850	6547	6243	6005	5788	Q	Voller Querschnitt
1,77	*1,72*	*1,67*	*1,62*	*1,58*	*1,51*	*1,44*	*1,39*	*1,34*	v	
597	578	561	546	533	509	486	467	450	Q	2100/2800
1,13	*1,09*	*1,06*	*1,03*	*1,01*	*0,96*	*0,92*	*0,88*	*0,85*	v	Rinne

mit beiderseitigem Auftritt, $b : h = 2 : 2$.

1 : 800	1 : 850	1 : 900	1 : 950	1 : 1000	1 : 1100	1 : 1200	1 : 1300	1: 1400		
9166	8881	8622	8389	8182	8079	7457	7172	6913	Q	Voller Querschnitt
1,85	*1,79*	*1,74*	*1,69*	*1,65*	*1,58*	*1,50*	*1,45*	*1,39*	v	
831	805	782	760	742	709	676	650	627	Q	2600/2600
1,25	*1,21*	*1,18*	*1,15*	*1,12*	*1,07*	*1,02*	*0,98*	*0,94*	v	Rinne
11160	10813	10498	10214	9962	9520	9079	8732	8417	Q	Voller Querschnitt
1,94	*1,88*	*1,83*	*1,78*	*1,73*	*1,66*	*1,58*	*1,52*	*1,46*	v	
1014	982	954	928	905	865	825	793	765	Q	2800/2800
1,32	*1,28*	*1,24*	*1,20*	*1,18*	*1,12*	*1,07*	*1,03*	*0,99*	v	Rinne
15896	15402	14953	14549	14189	13561	12932	12438	11989	Q	Voller Querschnitt
2,12	*2,05*	*1,99*	*1,94*	*1,89*	*1,81*	*1,72*	*1,66*	*1,60*	v	
1451	1406	1365	1328	1295	1238	1180	1135	1094	Q	3200/3200
1,44	*1,40*	*1,36*	*1,32*	*1,29*	*1,23*	*1,17*	*1,13*	*1,09*	v	Rinne

1 : 800	1 : 850	1 : 900	1 : 950	1 : 1000	1 : 1100	1 : 1200	1 : 1300	1 : 1400	Gefälle
$1{,}25^0/_{00}$	$1{,}18^0/_{00}$	$1{,}11^0/_{00}$	$1{,}05^0/_{00}$	$1{,}00^0/_{00}$	$0{,}91^0/_{00}$	$0{,}83^0/_{00}$	$0{,}77^0/_{00}$	$0{,}71^0/_{00}$	

Überhöhte Maulquerschnitte,

Lichter Querschnitt		1:1500	1:1600	1:1700	1:1800	1:1900	1:2000	1:2100	1:2200	1:2300
Breite	Q in l/s	$0{,}67^0/_{00}$	$0{,}63^0/_{00}$	$0{,}59^0/_{00}$	$0{,}56^0/_{00}$	$0{,}53^0/_{00}$	$0{,}50^0/_{00}$	$0{,}48^0/_{00}$	$0{,}45^0/_{00}$	$0{,}43^0/_{00}$
und		0,00067	0,00063	0,00059	0,00056	0,00053	0,00050	0,00048	0,00045	0,00043
Höhe in mm	v in m/s	0,0258	0,0250	0,0243	0,0236	0,0229	0,0224	0,0218	0,0213	0,0209

Nr. 8. Überhöhte

Breite und Höhe		1:1500	1:1600	1:1700	1:1800	1:1900	1:2000	1:2100	1:2200	1:2300
1400/1400	Q	1612	1562	1519	1475	1431	1400	1362	1331	1306
	v	0,97	0,94	0,92	0,89	0,86	0,85	0,82	0,80	0,79
1600/1600	Q	2307	2235	2172	2110	2047	2003	1949	1904	1868
	v	1,07	1,03	1,00	0,98	0,95	0,93	0,90	0,88	0,86
1800/1800	Q	3160	3062	2976	2891	2805	2744	2670	2609	2560
	v	1,16	1,12	1,09	1,06	1,03	1,00	0,98	0,95	0,94
2000/2000	Q	4186	4056	3942	3829	3715	3634	3537	3456	3391
	v	1,24	1,20	1,17	1,13	1,10	1,08	1,05	1,02	1,00
2400/2400	Q	6797	6586	6402	6217	6033	5901	5743	5611	5506
	v	1,40	1,35	1,32	1,28	1,24	1,21	1,18	1,15	1,13
2800/2800	Q	10227	9910	9632	9355	9077	8879	8641	8443	8284
	v	1,55	1,49	1,45	1,41	1,37	1,34	1,31	1,28	1,25
3200/3200	Q	14554	14103	13708	13313	12918	12636	12298	12016	11790
	v	1,68	1,63	1,59	1,54	1,49	1,46	1,42	1,39	1,36

Nr. 9. Rinnenquerschnitte

		1:1500	1:1600	1:1700	1:1800	1:1900	1:2000	1:2100	1:2200	1:2300
Voller Querschnitt	Q	2939	2848	2768	2688	2609	2552	2483	2426	2381
	v	1,10	1,07	1,04	1,01	0,98	0,95	0,93	0,91	0,89
1650/2200 Rinne	Q	227	220	213	207	201	197	191	187	184
	v	0,69	0,67	0,65	0,63	0,61	0,60	0,58	0,57	0,56
Voller Querschnitt	Q	3709	3594	3493	3392	3292	3220	3134	3062	3004
	v	1,17	1,13	1,10	1,07	1,03	1,01	0,98	0,96	0,94
1800/2400 Rinne	Q	287	278	270	262	254	249	242	237	232
	v	0,74	0,71	0,69	0,67	0,65	0,64	0,62	0,61	0,60
Voller Querschnitt	Q	5593	5419	5268	5116	4964	4856	4726	4617	4531
	v	1,29	1,25	1,22	1,18	1,15	1,12	1,09	1,07	1,05
2100/2800 Rinne	Q	435	422	410	398	386	378	368	359	352
	v	0,82	0,79	0,77	0,75	0,73	0,71	0,69	0,68	0,66

Nr. 10. Rinnenquerschnitte

		1:1500	1:1600	1:1700	1:1800	1:1900	1:2000	1:2100	1:2200	1:2300
Voller Querschnitt	Q	6680	6473	6292	6111	5929	5800	5645	5515	5412
	v	1,35	1,31	1,27	1,23	1,20	1,17	1,14	1,11	1,09
2600/2600 Rinne	Q	606	587	570	554	537	526	512	500	491
	v	0,91	0,88	0,86	0,83	0,81	0,79	0,77	0,75	0,74
Voller Querschnitt	Q	8133	7881	7660	7440	7219	7061	6872	6715	6589
	v	1,42	1,37	1,33	1,29	1,26	1,23	1,20	1,17	1,15
2800/2800 Rinne	Q	739	716	696	676	656	642	624	610	599
	v	0,96	0,93	0,90	0,88	0,85	0,83	0,81	0,79	0,78
Voller Querschnitt	Q	11585	11226	10911	10597	10283	10058	9789	9564	9385
	v	1,54	1,50	1,45	1,41	1,37	1,34	1,30	1,27	1,25
3200/3200 Rinne	Q	1057	1025	996	967	939	918	893	873	857
	v	1,05	1,02	0,99	0,96	0,93	0,91	0,89	0,87	0,85

Gefälle	1:1500	1:1600	1:1700	1:1800	1:1900	1:2000	1:2100	1:2200	1:2300
	$0{,}67^0/_{00}$	$0{,}63^0/_{00}$	$0{,}59^0/_{00}$	$0{,}56^0/_{00}$	$0{,}53^0/_{00}$	$0{,}50^0/_{00}$	$0{,}48^0/_{00}$	$0{,}45^0/_{00}$	$0{,}43^0/_{00}$

Rinnenquerschnitte.

1:2400	1:2500	1:2600	1:2700	1:2800	1:2900	1:3000	1:3100	1:3200		Lichter Querschnitt
$0,42^0/_{00}$	$0,40^0/_{00}$	$0,38^0/_{00}$	$0,37^0/_{00}$	$0,36^0/_{00}$	$0,34^0/_{00}$	$0,33^0/_{00}$	$0,32^0/_{00}$	$0,31^0/_{00}$	Q in l/s	Breite
0,00042	0,00040	0,00038	0,00037	0,00036	0,00034	0,00033	0,00032	0,00031		und Höhe
0,0204	0,0200	0,0196	0,0192	0,0189	0,0186	0,0183	0,0180	0,0177	v in m/s	in mm

Maulquerschnitte, $b:h = 2:2$.

1:2400	1:2500	1:2600	1:2700	1:2800	1:2900	1:3000	1:3100	1:3200		Breite und Höhe in mm
1275	1250	1225	1200	1181	1162	1144	1125	1106	Q	1400/1400
0,77	0,76	0,74	0,72	0,71	0,70	0,69	0,68	0,67	v	
1824	1788	1752	1716	1690	1663	1636	1609	1582	Q	1600/1600
0,84	0,83	0,81	0,79	0,78	0,77	0,76	0,74	0,73	v	
2499	2450	2401	2352	2315	2278	2241	2205	2168	Q	1800/1800
0,91	0,90	0,88	0,86	0,85	0,83	0,82	0,81	0,79	v	
3310	3245	3180	3115	3066	3017	2969	2920	2871	Q	2000/2000
0,98	0,96	0,94	0,92	0,91	0,89	0,88	0,86	0,85	v	
5374	5269	5163	5058	4979	4900	4821	4742	4663	Q	2400/2400
1,10	1,08	1,06	1,04	1,02	1,01	0,99	0,97	0,96	v	
8086	7928	7769	7611	7492	7373	7254	7135	7016	Q	2800/2800
1,22	1,20	1,17	1,15	1,13	1,11	1,10	1,08	1,06	v	
11508	11282	11057	10831	10662	10493	10323	10154	9985	Q	3200/3200
1,33	1,31	1,28	1,25	1,23	1,21	1,19	1,17	1,15	v	

mit einseitigem Auftritt, $b:h = 2:2,667$

1:2400	1:2500	1:2600	1:2700	1:2800	1:2900	1:3000	1:3100	1:3200		
2324	2278	2233	2187	2153	2119	2085	2051	2016	Q	Voller Querschnitt
0,87	0,85	0,83	0,82	0,81	0,79	0,78	0,77	0,75	v	1650/2200
179	176	172	169	166	163	161	158	155	Q	
0,55	0,54	0,53	0,51	0,51	0,50	0,49	0,48	0,47	v	Rinne
2932	2875	2817	2760	2717	2674	2630	2587	2544	Q	Voller Querschnitt
0,92	0,90	0,89	0,87	0,85	0,84	0,83	0,81	0,80	v	1800/2400
227	222	218	213	210	207	203	200	197	Q	
0,58	0,57	0,56	0,55	0,54	0,53	0,52	0,51	0,50	v	Rinne
4422	4336	4249	4162	4097	4032	3967	3902	3837	Q	Voller Querschnitt
1,02	1,00	0,98	0,96	0,95	0,93	0,92	0,90	0,89	v	2100/2800
344	337	330	324	319	314	309	303	298	Q	
0,65	0,64	0,62	0,61	0,60	0,59	0,58	0,57	0,56	v	Rinne

mit beiderseitigem Auftritt, $b:h = 2:2$.

1:2400	1:2500	1:2600	1:2700	1:2800	1:2900	1:3000	1:3100	1:3200		
5282	5179	5075	4971	4894	4816	4738	4661	4583	Q	Voller Querschnitt
1,07	1,05	1,02	1,00	0,99	0,97	0,96	0,94	0,92	v	2600/2600
479	469	460	451	444	437	430	422	415	Q	
0,72	0,71	0,69	0,68	0,67	0,66	0,65	0,64	0,63	v	Rinne
6431	6305	6179	6053	5958	5864	5769	5674	5580	Q	Voller Querschnitt
1,12	1,10	1,07	1,05	1,04	1,02	1,00	0,99	0,97	v	2800/2800
584	573	561	550	541	533	524	516	507	Q	
0,76	0,74	0,73	0,71	0,70	0,69	0,68	0,67	0,66	v	Rinne
9160	8981	8801	8621	8487	8352	8217	8083	7948	Q	Voller Querschnitt
1,22	1,20	1,17	1,15	1,13	1,11	1,09	1,08	1,06	v	3200/3200
836	820	803	787	775	762	750	738	725	Q	
0,83	0,82	0,80	0,78	0,77	0,76	0,75	0,73	0,72	v	Rinne

1:2400	1:2500	1:2600	1:2700	1:2800	1:2900	1:3000	1:3100	1:3200	Gefälle
$0,42^0/_{00}$	$0,40^0/_{00}$	$0,38^0/_{00}$	$0,37^0/_{00}$	$0,36^0/_{00}$	$0,34^0/_{00}$	$0,33^0/_{00}$	$0,32^0/_{00}$	$0,31^0/_{00}$	

Überhöhte Maulquerschnitte,

Lichter Querschnitt		1:3300	1:3400	1:3500	1:3600	1:3700	1:3800	1:3900	1:4000	1:4250
Breite und Höhe in mm	Q in l/s	0,303°/oo	0,294°/oo	0,286°/oo	0,278°/oo	0,270°/oo	0,263°/oo	0,256°/oo	0,250°/oo	0,235°/oo
		0,000303	0,000294	0,000286	0,000278	0,000270	0,000263	0,000256	0,000250	0,000235
	v in m/s	0,0174	0,0172	0,0169	0,0167	0,0164	0,0162	0,0160	0,0158	0,0153

Nr. 8. Überhöhte

		1:3300	1:3400	1:3500	1:3600	1:3700	1:3800	1:3900	1:4000	1:4250
1400/1400	Q	1087	1075	1056	1044	1025	1012	1000	987	956
	v	0,66	0,65	0,64	0,63	0,62	0,61	0,60	0,60	0,58
1600/1600	Q	1556	1538	1511	1493	1466	1448	1430	1413	1368
	v	0,72	0,71	0,70	0,69	0,68	0,67	0,66	0,65	0,63
1800/1800	Q	2131	2107	2070	2045	2009	1984	1960	1935	1874
	v	0,78	0,77	0,76	0,75	0,73	0,73	0,72	0,71	0,68
2000/2000	Q	2823	2790	2742	2709	2661	2628	2596	2563	2482
	v	0,84	0,83	0,81	0,80	0,79	0,78	0,77	0,76	0,73
2400/2400	Q	4584	4531	4452	4400	4320	4268	4215	4162	4031
	v	0,94	0,93	0,92	0,90	0,89	0,88	0,87	0,86	0,83
2800/2800	Q	6897	6818	6699	6620	6501	6421	6342	6263	6065
	v	1,04	1,03	1,01	1,00	0,98	0,97	0,96	0,95	0,92
3200/3200	Q	9816	9703	9534	9421	9252	9139	9026	8913	8631
	v	1,14	1,12	1,10	1,09	1,07	1,06	1,04	1,03	1,00

Nr. 9. Rinnenquerschnitte

		1:3300	1:3400	1:3500	1:3600	1:3700	1:3800	1:3900	1:4000	1:4250
Voller Querschnitt	Q	1982	1959	1925	1902	1868	1845	1823	1800	1743
	v	0,74	0,73	0,72	0,71	0,70	0,69	0,68	0,67	0,65
1650/2200 Rinne	Q	153	151	148	147	144	142	140	139	134
	v	0,47	0,46	0,45	0,45	0,44	0,43	0,43	0,42	0,41
Voller Querschnitt	Q	2501	2472	2429	2400	2357	2329	2300	2271	2199
	v	0,79	0,78	0,76	0,75	0,74	0,73	0,72	0,71	0,69
1800/2400 Rinne	Q	193	191	188	186	182	180	178	176	170
	v	0,50	0,49	0,48	0,48	0,47	0,46	0,46	0,45	0,44
Voller Querschnitt	Q	3772	3729	3664	3620	3555	3512	3468	3425	3317
	v	0,87	0,86	0,85	0,84	0,82	0,81	0,80	0,79	0,77
2100/2800 Rinne	Q	293	290	285	282	277	273	270	266	258
	v	0,55	0,55	0,54	0,53	0,52	0,51	0,51	0,50	0,49

Nr. 10. Rinnenquerschnitte

		1:3300	1:3400	1:3500	1:3600	1:3700	1:3800	1:3900	1:4000	1:4250
Voller Querschnitt	Q	4505	4454	4376	4324	4246	4195	4143	4091	3962
	v	0,91	0,90	0,88	0,87	0,86	0,85	0,84	0,83	0,80
2600/2600 Rinne	Q	408	404	397	392	385	380	376	371	359
	v	0,61	0,61	0,59	0,59	0,58	0,57	0,57	0,56	0,54
Voller Querschnitt	Q	5485	5422	5328	5265	5170	5107	5044	4981	4823
	v	0,95	0,94	0,93	0,92	0,90	0,89	0,88	0,87	0,84
2800/2800 Rinne	Q	498	493	484	478	470	464	458	453	438
	v	0,65	0,64	0,63	0,62	0,61	0,60	0,60	0,59	0,57
Voller Querschnitt	Q	7813	7723	7589	7499	7364	7274	7185	7095	6870
	v	1,04	1,03	1,01	1,00	0,98	0,97	0,96	0,95	0,91
3200/3200 Rinne	Q	713	705	693	684	672	664	656	648	627
	v	0,71	0,70	0,69	0,68	0,67	0,66	0,65	0,64	0,62

Gefälle	1:3300	1:3400	1:3500	1:3600	1:3700	1:3800	1:3900	1:4000	1:4250
	0,303°/oo	0,294°/oo	0,286°/oo	0,278°/oo	0,270°/oo	0,263°/oo	0,256°/oo	0,250°/oo	0,235°/oo

Rinnenquerschnitte.

1:4500	1:4750	1:5000	1:5500	1:6000	1:7000	1:8000	1:9000	1:10000		Lichter Querschnitt
$0{,}222^0/_{00}$	$0{,}211^0/_{00}$	$0{,}200^0/_{00}$	$0{,}182^0/_{00}$	$0{,}167^0/_{00}$	$0{,}143^0/_{00}$	$0{,}125^0/_{00}$	$0{,}111^0/_{00}$	$0{,}100^0/_{00}$	Q in l/s	Breite und Höhe in mm
0,000222	0,000211	0,000200	0,000182	0,000167	0,000143	0,000125	0,000111	0,000100		
0,0149	0,0145	0,0141	0,01349	0,01292	0,01196	0,01118	0,01054	0,01000	v in m/s	

Maulquerschnitte, $b:h = 2:2$.

1:4500	1:4750	1:5000	1:5500	1:6000	1:7000	1:8000	1:9000	1:10000		Breite u. Höhe in mm
931	906	881	843	807	747	699	659	625	Q	1400/1400
0,56	0,55	0,53	0,51	0,49	0,45	0,42	0,40	0,38	v	
1332	1296	1261	1206	1155	1069	1000	942	894	Q	1600/1600
0,62	0,60	0,58	0,56	0,53	0,49	0,46	0,44	0,41	v	
1825	1776	1727	1652	1582	1465	1369	1291	1225	Q	1800/1800
0,67	0,65	0,63	0,60	0,58	0,54	0,50	0,47	0,45	v	
2417	2352	2288	2189	2096	1940	1814	1710	1622	Q	2000/2000
0,72	0,70	0,68	0,65	0,62	0,57	0,54	0,51	0,48	v	
3925	3820	3715	3554	3404	3151	2945	2777	2634	Q	2400/2400
0,81	0,79	0,76	0,73	0,70	0,65	0,61	0,57	0,54	v	
5906	5748	5589	5347	5121	4741	4432	4178	3964	Q	2800/2800
0,89	0,87	0,84	0,81	0,77	0,72	0,67	0,63	0,60	v	
8405	8180	7954	7610	7288	6747	6307	5946	5641	Q	3200/3200
0,97	0,95	0,92	0,88	0,84	0,78	0,73	0,69	0,65	v	

mit einseitigem Auftritt, $b:h = 2:2{,}667$.

1:4500	1:4750	1:5000	1:5500	1:6000	1:7000	1:8000	1:9000	1:10000		
1697	1652	1606	1537	1472	1363	1274	1201	1139	Q	Voller Querschnitt
0,64	0,62	0,60	0,58	0,55	0,51	0,48	0,45	0,43	v	1650/2200
131	127	124	118	113	105	98	93	88	Q	Rinne
0,40	0,39	0,38	0,36	0,35	0,32	0,30	0,28	0,27	v	
2142	2084	2027	1939	1857	1719	1607	1515	1437	Q	Voller Querschnitt
0,67	0,65	0,64	0,61	0,58	0,54	0,51	0,48	0,45	v	1800/2400
166	161	157	150	144	133	124	117	111	Q	Rinne
0,43	0,41	0,40	0,39	0,37	0,34	0,32	0,30	0,29	v	
3230	3143	3057	2924	2801	2593	2424	2285	2168	Q	Voller Querschnitt
0,75	0,73	0,71	0,68	0,65	0,60	0,56	0,53	0,50	v	2100/2800
251	244	238	227	218	202	189	178	169	Q	Rinne
0,47	0,46	0,45	0,43	0,41	0,40	0,36	0,34	0,32	v	

mit beiderseitigem Auftritt, $b:h = 2:2$.

1:4500	1:4750	1:5000	1:5500	1:6000	1:7000	1:8000	1:9000	1:10000		
3851	3754	3651	3493	3345	3097	2895	2729	2589	Q	Voller Querschnitt
0,78	0,76	0,74	0,71	0,68	0,63	0,58	0,55	0,52	v	2600/2600
350	340	331	317	303	281	262	247	235	Q	Rinne
0,53	0,51	0,50	0,48	0,46	0,42	0,40	0,37	0,35	v	
4697	4571	4445	4253	4073	3770	3524	3323	3152	Q	Voller Querschnitt
0,82	0,80	0,77	0,74	0,71	0,66	0,61	0,58	0,55	v	2800/2800
427	415	404	386	370	343	320	302	286	Q	Rinne
0,55	0,54	0,52	0,50	0,48	0,45	0,42	0,39	0,37	v	
6691	6511	6331	6057	5802	5370	5020	4733	4490	Q	Voller Querschnitt
0,89	0,87	0,84	0,81	0,77	0,72	0,67	0,63	0,60	v	3200/3200
611	594	578	553	530	490	458	432	410	Q	Rinne
0,61	0,59	0,57	0,55	0,53	0,49	0,46	0,43	0,41	v	

1:4500	1:4750	1:5000	1:5500	1:6000	1:7000	1:8000	1:9000	1:10000	Gefälle
$0{,}222^0/_{00}$	$0{,}211^0/_{00}$	$0{,}200^0/_{00}$	$0{,}182^0/_{00}$	$0{,}167^0/_{00}$	$0{,}143^0/_{00}$	$0{,}125^0/_{00}$	$0{,}111^0/_{00}$	$0{,}100^0/_{00}$	

Tabellen 1—10

für die Bestimmung der wasserführenden Querschnittsflächen, benetzten Umfänge, hydraulischen Radien und der Füllhöhen für nicht vollaufende Leitungen bei einem Radius $r = 1{,}00$ m.
Bei den Ei-, Maul- und Rinnenquerschnitten ist $r =$ halbe lichte Querschnittsbreite.

Tabelle 1. Kreisquerschnitt.

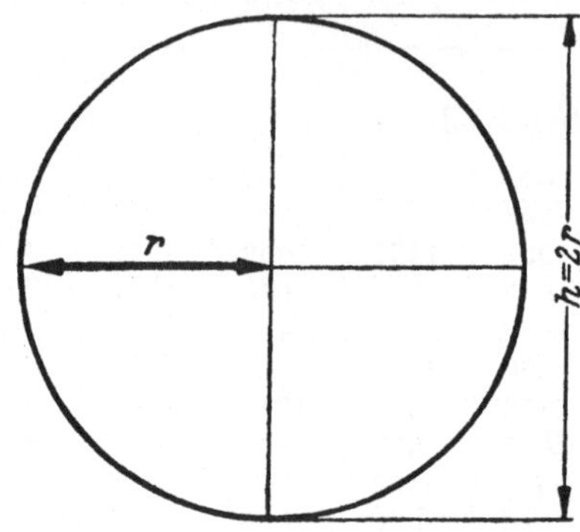

Füllhöhe in		Wasserführende Querschnittsfläche	Benetzter Umfang	Hydraulischer Radius $R = \dfrac{F}{U}$	v_1	Q_1
m	%	F in m²	U in m	in m	in %	in %
2,00 r	100,0	3,1416 r^2	6,2832 r	0,5000 r	100,0	100,0
1,95 r	97,5	3,1207 r^2	5,6481 r	0,5525 r	106,8	106,8
1,90 r	95,0	3,0829 r^2	5,3811 r	0,5729 r	109,4	107,4
1,85 r	92,5	3,0345 r^2	5,1736 r	0,5866 r	111,1	107,6
1,80 r	90,0	2,9781 r^2	4,9962 r	0,5961 r	112,3	106,5
1,75 r	87,5	2,9149 r^2	4,8377 r	0,6025 r	113,1	105,0
1,70 r	85,0	2,8461 r^2	4,6924 r	0,6065 r	113,6	102,9
1,60 r	80,0	2,6943 r^2	4,4286 r	0,6084 r	113,8	97,6
1,50 r	75,0	2,5274 r^2	4,1888 r	0,6034 r	113,2	91,1
1,40 r	70,0	2,3489 r^2	3,9646 r	0,5925 r	111,9	83,6
1,30 r	65,0	2,1617 r^2	3,7510 r	0,5763 r	109,9	75,7
1,20 r	60,0	1,9681 r^2	3,5443 r	0,5553 r	107,2	67,2
1,10 r	55,0	1,7705 r^2	3,3419 r	0,5298 r	103,9	58,6
1,00 r	50,0	1,5708 r^2	3,1416 r	0,5000 r	100,0	50,0
0,90 r	45,0	1,3711 r^2	2,9413 r	0,4662 r	95,4	41,7
0,80 r	40,0	1,1735 r^2	2,7389 r	0,4285 r	90,2	33,7
0,70 r	35,0	0,9799 r^2	2,5322 r	0,3870 r	84,2	26,3
0,60 r	30,0	0,7927 r^2	2,3186 r	0,3419 r	77,3	19,5
0,50 r	25,0	0,6142 r^2	2,0944 r	0,2933 r	69,6	13,6
0,40 r	20,0	0,4473 r^2	1,8546 r	0,2412 r	60,6	8,6
0,30 r	15,0	0,2955 r^2	1,5908 r	0,1858 r	50,3	4,7
0,25 r	12,5	0,2267 r^2	1,4455 r	0,1568 r	44,6	3,2
0,20 r	10,0	0,1635 r^2	1,2870 r	0,1270 r	38,0	2,0
0,15 r	7,5	0,1070 r^2	1,1096 r	0,0965 r	30,9	1,1
0,10 r	5,0	0,0587 r^2	0,9021 r	0,0651 r	22,7	0,4
0,05 r	2,5	0,0209 r^2	0,6351 r	0,0329 r	13,1	0,3

Tabelle 2. Überhöhter Eiquerschnitt
$b : h = 2 : 3,5$.

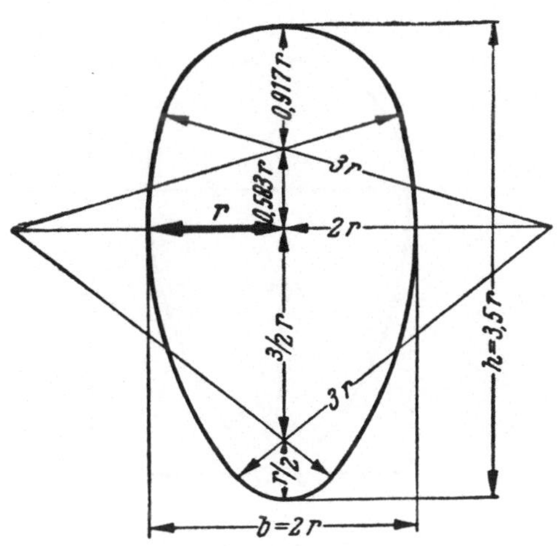

Füllhöhe in		Wasserführende Querschnittsfläche	Benetzter Umfang	Hydraulischer Radius $R = \dfrac{F}{U}$	v_1	Q_1
m	%	F in m²	U in m	in m	in %	in %
$3,500\,r$	100,00	$5,4924\,r^2$	$8,8506\,r$	$0,6206\,r$	100,0	100,0
$3,408\,r$	97,40	$5,4428\,r^2$	$8,0238\,r$	$0,6784\,r$	106,0	105,0
$3,316\,r$	94,74	$5,3552\,r^2$	$7,6718\,r$	$0,6980\,r$	107,9	105,3
$3,042\,r$	86,91	$5,1168\,r^2$	$7,1518\,r$	$0,7154\,r$	109,7	102,2
$2,840\,r$	81,14	$4,6368\,r^2$	$6,4910\,r$	$0,7144\,r$	109,6	92,5
$2,583\,r$	73,83	$4,1692\,r^2$	$5,9638\,r$	$0,6990\,r$	108,0	82,0
$2,292\,r$	65,49	$3,6044\,r^2$	$5,3732\,r$	$0,6708\,r$	105,2	69,0
$2,000\,r$	57,14	$3,0233\,r^2$	$4,7883\,r$	$0,6314\,r$	101,1	55,7
$1,70\,r$	48,57	$2,4264\,r^2$	$4,1873\,r$	$0,5795\,r$	95,6	42,2
$1,40\,r$	40,00	$1,8475\,r^2$	$3,5801\,r$	$0,5160\,r$	88,5	29,8
$1,10\,r$	31,43	$1,3054\,r^2$	$2,9601\,r$	$0,4410\,r$	79,7	19,0
$0,80\,r$	22,86	$0,8202\,r^2$	$2,3192\,r$	$0,3537\,r$	68,6	10,3
$0,50\,r$	14,29	$0,4138\,r^2$	$1,6467\,r$	$0,2513\,r$	54,1	4,1
$0,35\,r$	10,00	$0,2479\,r^2$	$1,2941\,r$	$0,1916\,r$	44,6	2,0
$0,20\,r$	5,71	$0,1118\,r^2$	$0,9273\,r$	$0,1206\,r$	31,7	0,65
$0,15\,r$	4,29	$0,0739\,r^2$	$0,7954\,r$	$0,0929\,r$	26,0	0,35
$0,10\,r$	2,86	$0,0409\,r^2$	$0,6435\,r$	$0,0635\,r$	19,3	0,14
$0,05\,r$	1,43	$0,0147\,r^2$	$0,4510\,r$	$0,0326\,r$	11,3	0,03
$0,025\,r$	0,71	$0,0052\,r^2$	$0,3176\,r$	$0,0165\,r$	6,3	0,006

Tabelle 3. Normaler Eiquerschnitt

$$b : h = 2 : 3.$$

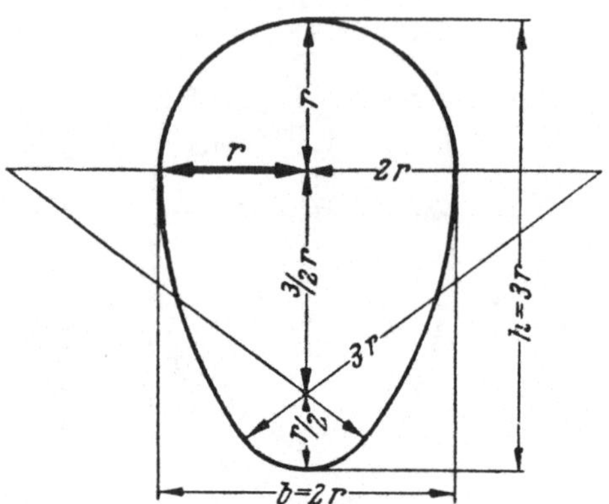

Füllhöhe in		Wasserführende Querschnittsfläche	Benetzter Umfang	Hydraulischer Radius $R = \dfrac{F}{U}$	v_1	Q_1
m	%	F in m²	U in m	in m	in %	in %
3,00 r	100,00	4,5941 r²	7,9299 r	0,5793 r	100,0	100,0
2,95 r	98,33	4,5732 r²	7,2948 r	0,6269 r	105,3	104,8
2,90 r	96,67	4,5354 r²	7,0278 r	0,6453 r	107,3	106,0
2,85 r	95,00	4,4871 r²	6,8203 r	0,6579 r	108,7	106,1
2,80 r	93,33	4,4306 r²	6,6429 r	0,6670 r	109,7	105,7
2,75 r	91,67	4,3674 r²	6,4844 r	0,6735 r	110,3	104,9
2,70 r	90,00	4,2986 r²	6,3391 r	0,6781 r	110,8	103,7
2,60 r	86,67	4,1468 r²	6,0753 r	0,6826 r	111,3	100,5
2,50 r	83,33	3,9799 r²	5,8355 r	0,6820 r	111,2	96,4
2,40 r	80,00	3,8014 r²	5,6113 r	0,6775 r	110,8	91,7
2,30 r	76,67	3,6142 r²	5,3977 r	0,6696 r	110,2	86,7
2,20 r	73,33	3,4206 r²	5,1910 r	0,6590 r	108,8	81,0
2,10 r	70,00	3,2230 r²	4,9886 r	0,6461 r	107,4	75,3
2,00 r	66,67	3,0233 r²	4,7883 r	0,6314 r	105,8	69,6
1,70 r	56,67	2,4264 r²	4,1873 r	0,5795 r	100,0	52,8
1,40 r	46,67	1,8475 r²	3,5801 r	0,5160 r	92,6	37,3
1,10 r	36,67	1,3054 r²	2,9601 r	0,4410 r	83,4	23,7
0,80 r	26,67	0,8202 r²	2,3192 r	0,3537 r	71,8	12,8
0,50 r	16,67	0,4138 r²	1,6467 r	0,2513 r	56,6	5,1
0,35 r	11,67	0,2479 r²	1,2941 r	0,1916 r	46,6	2,5
0,20 r	6,67	0,1118 r²	0,9273 r	0,1206 r	33,2	0,81
0,15 r	5,00	0,0739 r²	0,7954 r	0,0929 r	26,0	0,44
0,10 r	3,33	0,0409 r²	0,6435 r	0,0635 r	20,2	0,18
0,05 r	1,67	0,0147 r²	0,4510 r	0,0326 r	11,3	0,04
0,025 r	0,83	0,0052 r²	0,3176 r	0,0165 r	6,3	0,0075

Tabelle 4. Breiter Eiquerschnitt
$$b : h = 2 : 2{,}5$$

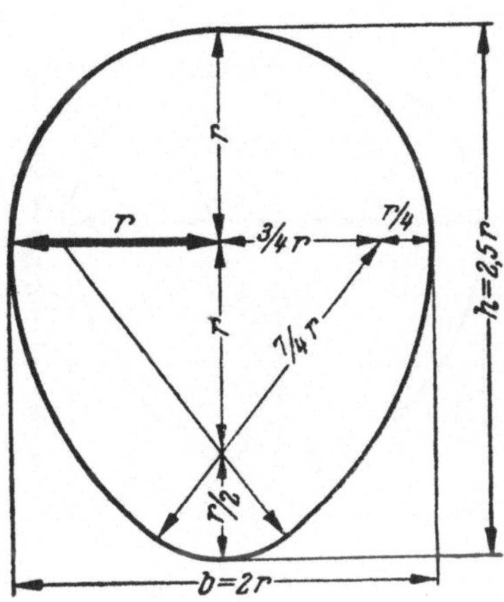

Füllhöhe in		Wasserführende Querschnittsfläche	Benetzter Umfang	Hydraulischer Radius $R = \dfrac{F}{U}$	v_1	Q_1
m	%	F in m²	U in m	in m	in %	in %
$2{,}50\,r$	100,00	$3{,}8230\,r^2$	$7{,}0320\,r$	$0{,}5440\,r$	100,0	100,0
$2{,}40\,r$	96,0	$3{,}7643\,r^2$	$6{,}1299\,r$	$0{,}6141\,r$	108,3	106,6
$2{,}30\,r$	92,0	$3{,}6595\,r^2$	$5{,}7450\,r$	$0{,}6370\,r$	110,9	106,2
$2{,}20\,r$	88,0	$3{,}5275\,r^2$	$5{,}4412\,r$	$0{,}6483\,r$	112,2	103,5
$2{,}10\,r$	84,0	$3{,}3757\,r^2$	$5{,}1774\,r$	$0{,}6520\,r$	112,6	99,4
$2{,}00\,r$	80,0	$3{,}2088\,r^2$	$4{,}9376\,r$	$0{,}6499\,r$	112,4	94,3
$1{,}90\,r$	76,0	$3{,}0303\,r^2$	$4{,}7134\,r$	$0{,}6429\,r$	111,6	88,5
$1{,}80\,r$	72,0	$2{,}8431\,r^2$	$4{,}4998\,r$	$0{,}6318\,r$	110,3	82,1
$1{,}70\,r$	68,0	$2{,}6495\,r^2$	$4{,}2931\,r$	$0{,}6172\,r$	108,7	75,3
$1{,}50\,r$	60,0	$2{,}2522\,r^2$	$3{,}8904\,r$	$0{,}5789\,r$	104,2	61,4
$1{,}25\,r$	50,0	$1{,}7535\,r^2$	$3{,}3872\,r$	$0{,}5177\,r$	96,8	44,4
$1{,}00\,r$	40,0	$1{,}2750\,r^2$	$2{,}8751\,r$	$0{,}4435\,r$	87,3	29,1
$0{,}75\,r$	30,0	$0{,}8332\,r^2$	$2{,}3386\,r$	$0{,}3563\,r$	75,2	16,4
$0{,}50\,r$	20,0	$0{,}4519\,r^2$	$1{,}7603\,r$	$0{,}2567\,r$	59,9	7,1
$0{,}375\,r$	15,0	$0{,}2921\,r^2$	$1{,}4457\,r$	$0{,}2020\,r$	50,5	3,9
$0{,}25\,r$	10,0	$0{,}1583\,r^2$	$1{,}1046\,r$	$0{,}1433\,r$	39,3	1,63
$0{,}10\,r$	4,0	$0{,}0409\,r^2$	$0{,}6436\,r$	$0{,}0635\,r$	21,1	0,23

Tabelle 5. Gedrückter Eiquerschnitt
$$b : h = 2 : 2.$$

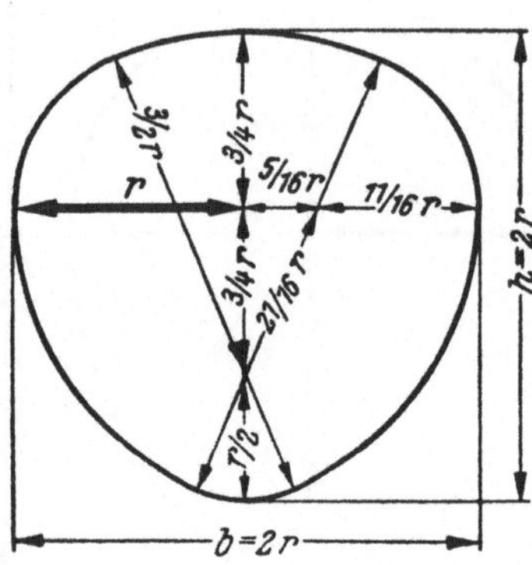

Füllhöhe in		Wasserführende Querschnittsfläche	Benetzter Umfang	Hydraulischer Radius $R = \dfrac{F}{U}$	v_1	Q_1
m	%	F in m²	U in m	in m	in %	in %
2,00 r	100,00	3,0970 r^2	6,2860 r	0,4927 r	100,0	100,0
1,95 r	97,5	3,0707 r^2	5,5092 r	0,5574 r	108,5	107,6
1,885 r	94,25	3,0086 r^2	5,1012 r	0,5898 r	112,6	109,4
1,80 r	90,0	2,8973 r^2	4,7591 r	0,6088 r	114,99	107,6
1,70 r	85,0	2,7413 r^2	4,4649 r	0,6140 r	115,6	102,4
1,60 r	80,0	2,5675 r^2	4,2180 r	0,6087 r	115,0	95,3
1,50 r	75,0	2,3819 r^2	3,9951 r	0,5962 r	113,4	87,2
1,40 r	70,0	2,1883 r^2	3,7856 r	0,5781 r	111,2	78,6
1,25 r	62,5	1,8904 r^2	3,4830 r	0,5428 r	106,6	65,1
1,15 r	57,5	1,6909 r^2	3,2828 r	0,5151 r	103,0	56,2
1,00 r	50,0	1,3947 r^2	2,9796 r	0,4681 r	96,6	43,5
0,85 r	42,5	1,1077 r^2	2,6702 r	0,4148 r	89,1	31,9
0,70 r	35,0	0,8345 r^2	2,3479 r	0,3554 r	80,2	21,6
0,55 r	27,5	0,5821 r^2	2,0057 r	0,2902 r	69,7	13,1
0,388 r	19,4	0,3426 r^2	1,6030 r	0,2137 r	56,2	6,2
0,25 r	12,5	0,1704 r^2	1,2003 r	0,1420 r	41,7	2,3
0,13 r	6,5	0,0627 r^2	0,7976 r	0,0786 r	26,6	0,54
0,038 r	1,9	0,0100 r^2	0,3949 r	0,0253 r	10,6	0,03

Tabelle 6. Normaler Maulquerschnitt
$b : h = 2 : 1,5.$

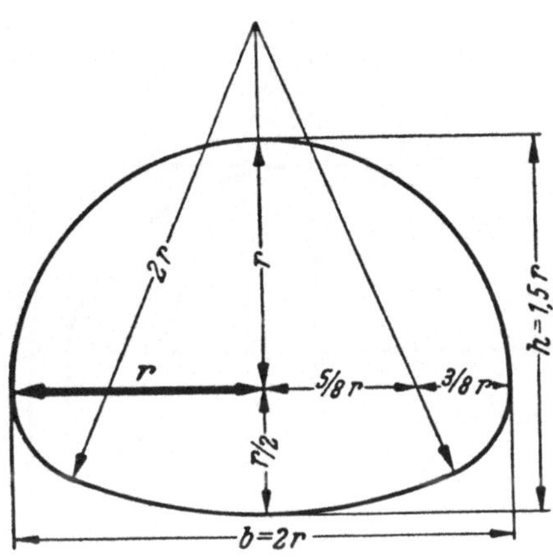

Füllhöhe in		Wasserführende Querschnittsfläche	Benetzter Umfang	Hydraulischer Radius $R = \dfrac{F}{U}$	v_1	Q_1
m	%	F in m²	U in m	in m	in %	in %
1,50 r	100,00	2,3778 r^2	5,6030 r	0,4244 r	100,00	100,00
1,40 r	93,33	2,3191 r^2	4,7009 r	0,4933 r	110,59	107,86
1,30 r	86,67	2,2143 r^2	4,3159 r	0,5131 r	113,54	105,74
1,20 r	80,00	2,0823 r^2	4,0120 r	0,5190 r	114,42	100,20
1,10 r	73,33	1,9305 r^2	3,7482 r	0,5150 r	113,83	92,41
0,90 r	60,00	1,5851 r^2	3,2842 r	0,4826 r	109,01	72,67
0,70 r	46,67	1,2043 r^2	2,8639 r	0,4205 r	99,36	50,32
0,50 r	33,33	0,8070 r^2	2,4612 r	0,3279 r	83,86	28,46
0,40 r	26,67	0,6080 r^2	2,2593 r	0,2691 r	73,08	18,69
0,30 r	20,00	0,4145 r^2	2,0393 r	0,2033 r	59,89	10,44
0,20 r	13,33	0,2342 r^2	1,7657 r	0,1326 r	43,82	4,32
0,154 r	10,67	0,1591 r^2	1,5792 r	0,1007 r	35,61	2,38
0,005 r	3,33	0,0186 r^2	1,8959 r	0,0208 r	9,93	0,077

Tabelle 7. Gedrückter Maulquerschnitt

$b : h = 2 : 1{,}25.$

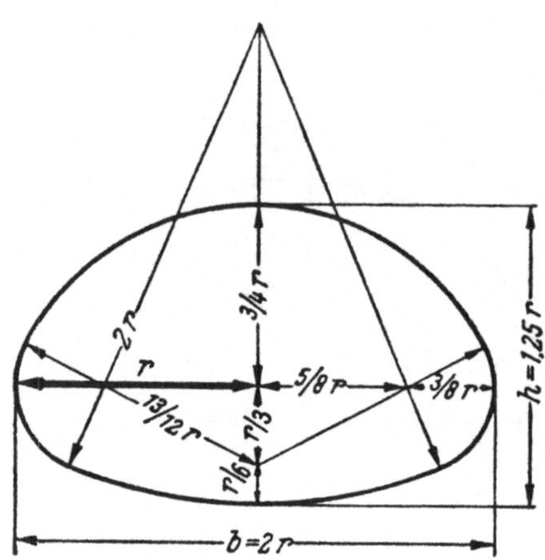

Füllhöhe in		Wasserführende Querschnittsfläche	Benetzter Umfang	Hydraulischer Radius $R = \dfrac{F}{U}$	v_1	Q_1
m	%	F in m²	U in m	in m	in %	in %
1,25 r	100,0	1,9373 r^2	5,1685 r	0,3748 r	100,00	100,00
1,20 r	96,0	1,9151 r^2	4,5079 r	0,4248 r	108,86	107,61
1,15 r	92,0	1,8758 r^2	4,2306 r	0,4434 r	112,07	108,51
1,05 r	84,0	1,7665 r^2	3,8316 r	0,4610 r	115,02	104,87
0,95 r	76,0	1,6283 r^2	3,5173 r	0,4629 r	115,35	96,95
0,85 r	68,0	1,4651 r^2	3,2446 r	0,4515 r	113,43	85,78
0,75 r	60,0	1,2935 r^2	2,9972 r	0,4316 r	110,04	73,47
0,677 r	54,16	1,1557 r^2	2,8286 r	0,4086 r	106,06	63,27
0,591 r	47,28	0,9883 r^2	2,6449 r	0,3737 r	99,79	50,91
0,50 r	40,0	0,8070 r^2	2,4612 r	0,3279 r	91,25	38,01
0,40 r	32,0	0,6080 r^2	2,2593 r	0,2691 r	79,51	24,95
0,30 r	24,0	0,4145 r^2	2,0393 r	0,2033 r	65,16	13,94
0,20 r	16,0	0,2342 r^2	1,7657 r	0,1326 r	47,68	5,76
0,154 r	12,32	0,1591 r^2	1,5792 r	0,1007 r	38,74	3,18
0,10 r	8,0	0,0837 r^2	1,2702 r	0,0659 r	27,88	1,20
0,05 r	4,0	0,0186 r^2	0,8959 r	0,0208 r	10,81	0,01

Tabelle 8. Überhöhter Maulquerschnitt
$$b : h = 2 : 2.$$

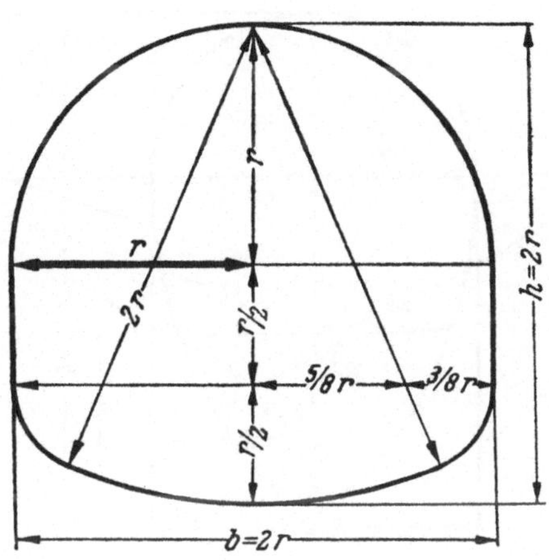

Füllhöhe in		Wasserführende Querschnittsfläche	Benetzter Umfang	Hydraulischer Radius $R = \dfrac{F}{U}$	v_1	Q_1
m	%	F in m²	U in m	in m	in %	in %
$2{,}00\,r$	100,00	$3{,}3780\,r^2$	$6{,}6030\,r$	$0{,}5116\,r$	100,00	100,00
$1{,}90\,r$	95,0	$3{,}3191\,r^2$	$5{,}7009\,r$	$0{,}5822\,r$	108,91	107,02
$1{,}80\,r$	90,0	$3{,}2143\,r^2$	$5{,}3159\,r$	$0{,}6047\,r$	111,66	106,26
$1{,}70\,r$	85,0	$3{,}0823\,r^2$	$5{,}0120\,r$	$0{,}6150\,r$	112,89	103,01
$1{,}60\,r$	80,0	$2{,}9305\,r^2$	$4{,}7482\,r$	$0{,}6172\,r$	113,16	98,18
$1{,}40\,r$	70,0	$2{,}5851\,r^2$	$4{,}2842\,r$	$0{,}6034\,r$	111,49	85,33
$1{,}20\,r$	60,0	$2{,}2043\,r^2$	$3{,}8639\,r$	$0{,}5705\,r$	107,45	70,12
$1{,}00\,r$	50,0	$1{,}8070\,r^2$	$3{,}4612\,r$	$0{,}5221\,r$	101,35	54,22
$0{,}80\,r$	40,0	$1{,}4070\,r^2$	$3{,}0612\,r$	$4{,}4596\,r$	93,09	38,78
$0{,}60\,r$	30,0	$1{,}0070\,r^2$	$2{,}6612\,r$	$0{,}3784\,r$	81,64	24,34
$0{,}50\,r$	25,0	$0{,}8070\,r^2$	$2{,}4612\,r$	$0{,}3279\,r$	74,00	17,58
$0{,}40\,r$	20,0	$0{,}6080\,r^2$	$2{,}2593\,r$	$0{,}2691\,r$	64,48	11,61
$0{,}30\,r$	15,0	$0{,}4145\,r^2$	$2{,}0393\,r$	$0{,}2033\,r$	52,84	6,48
$0{,}20\,r$	10,0	$0{,}2342\,r^2$	$1{,}7657\,r$	$0{,}1326\,r$	38,66	2,68
$0{,}154\,r$	7,7	$0{,}1591\,r^2$	$1{,}5792\,r$	$0{,}1007\,r$	31,42	1,48
$0{,}050\,r$	2,5	$0{,}0186\,r^2$	$0{,}8959\,r$	$0{,}0208\,r$	8,77	0,05

Tabelle 9. Rinnenquerschnitt mit einseitigem Auftritt
$$b : h = 2 : 2{,}667 = 3 : 4.$$

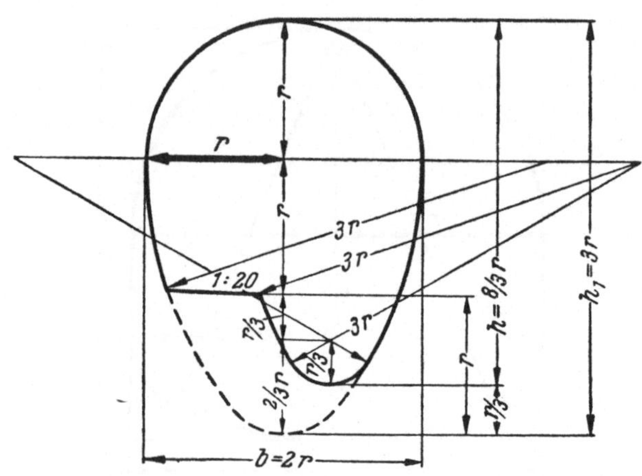

Füllhöhe in		Wasserführende Querschnittsfläche	Benetzter Umfang	Hydraulischer Radius $R = \dfrac{F}{U}$	v_1	Q_1
m	%	F in m²	U in m	in m	in %	in %
2,667 r	100,00	3,9290 r^2	7,5790 r	0,5184 r	100,00	100,00
2,567 r	96,25	3,8703 r^2	6,6769 r	0,5797 r	107,64	106,03
2,467 r	92,50	3,7655 r^2	6,2919 r	0,5985 r	109,95	105,37
2,367 r	88,75	3,6335 r^2	5,9880 r	0,6068 r	110,94	102,60
2,267 r	85,00	3,4817 r^2	5,7242 r	0,6082 r	111,10	98,46
2,067 r	77,50	3,1363 r^2	5,2602 r	0,5962 r	109,66	87,54
1,867 r	70,00	2,7555 r^2	4,8399 r	0,5693 r	106,38	74,60
1,667 r	62,50	2,3582 r^2	4,4374 r	0,5314 r	101,65	61,01
1,333 r	50,00	1,6868 r^2	3,7689 r	0,4476 r	90,67	38,93
1,067 r	40,00	1,1831 r^2	3,2296 r	0,3663 r	79,15	23,83
0,800 r	30,00	0,6957 r^2	2,6781 r	0,2598 r	62,37	11,04
0,698 r	26,16	0,5334 r^2	2,4940 r	0,2139 r	54,34	7,38
0,667 r	25,00	0,4820 r^2	1,8011 r	0,2676 r	63,67	7,81
0,533 r	20,00	0,3506 r^2	1,5149 r	0,2314 r	57,48	5,13
0,333 r	12,49	0,1803 r^2	1,0768 r	0,1674 r	45,51	2,09
0,167 r	6,26	0,0681 r^2	0,6981 r	0,0976 r	30,40	0,53
0,107 r	4,00	0,0361 r^2	0,5485 r	0,0658 r	22,44	0,21

Tabelle 10. Rinnenquerschnitt mit beiderseitigem Auftritt
$b : h = 2 : 2.$

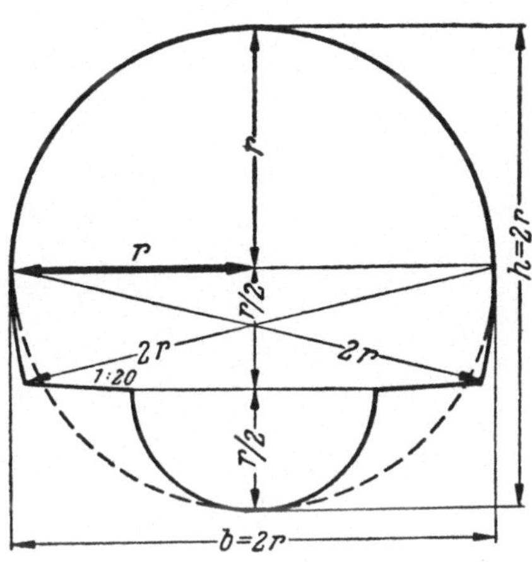

Füllhöhe in		Wasserführende Querschnittsfläche	Benetzter Umfang	Hydraulischer Radius $R = \dfrac{F}{U}$	v_1	Q_1
m	%	F in m²	U in m	in m	in %	in %
2,00 r	100,00	2,9332 r^2	6,5623 r	0,4470 r	100,00	100,00
1,90 r	95,0	2,8745 r^2	5,6602 r	0,5078 r	110,99	108,74
1,80 r	90,0	2,7697 r^2	5,2753 r	0,5250 r	114,06	107,70
1,70 r	85,0	2,6377 r^2	4,9715 r	0,5305 r	115,04	103,45
1,60 r	80,0	2,4859 r^2	4,7077 r	0,5280 r	114,59	97,12
1,40 r	70,0	2,1405 r^2	4,2437 r	0,5044 r	110,36	80,53
1,20 r	60,0	1,7597 r^2	3,8234 r	0,4602 r	102,39	61,42
1,00 r	50,0	1,3624 r^2	3,4207 r	0,3983 r	91,04	42,28
0,80 r	40,0	0,9635 r^2	3,0203 r	0,3190 r	76,10	25,00
0,60 r	30,0	0,5718 r^2	2,6143 r	0,2187 r	56,36	10,99
0,522 r	26,1	0,4244 r^2	2,4550 r	0,1729 r	46,90	6,79
0,50 r	25,0	0,3927 r^2	1,5708 r	0,2500 r	62,64	8,39
0,40 r	20,0	0,2934 r^2	1,3695 r	0,2142 r	55,36	5,54
0,30 r	15,0	0,1982 r^2	1,1593 r	0,1710 r	47,21	3,14
0,20 r	10,0	0,1118 r^2	0,9273 r	0,1206 r	35,99	1,37
0,10 r	5,0	0,0409 r^2	0,6435 r	0,0636 r	22,24	0,31
0,05 r	2,5	0,0147 r^2	0,4511 r	0,0326 r	14,12	0,071

Tafeln 11 – 20,

enthaltend die Konstruktion der Lichtquerschnitte mit ihren Leistungs- und Geschwindigkeitskurven zur unmittelbaren Feststellung der Abflußmengen und Abflußgeschwindigkeiten für alle vorkommenden Füllhöhen und Gefälle.

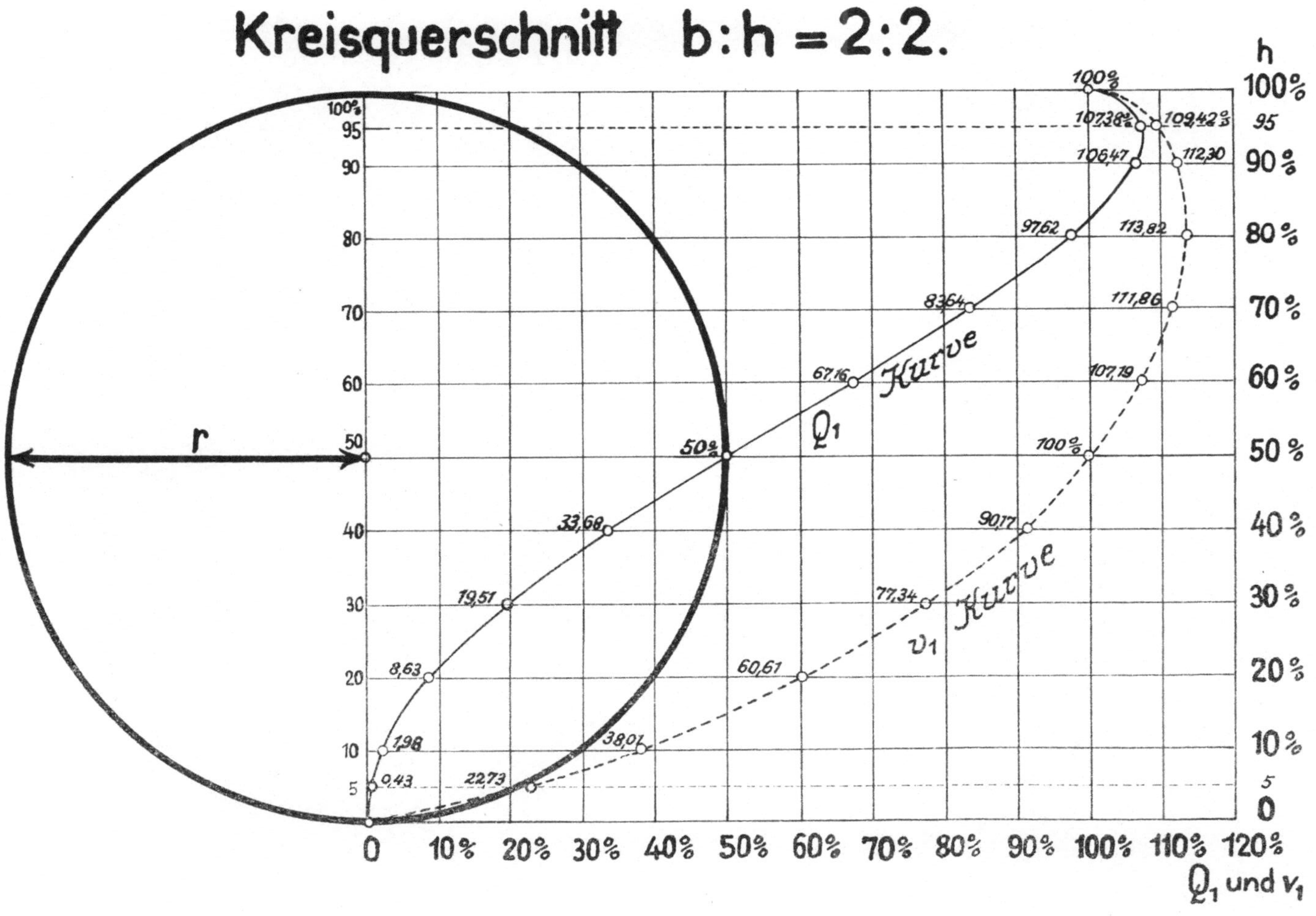

Kreisquerschnitt b:h = 2:2.
h
r
Kurve Q₁
v₁ Kurve
100%
107,38%
106,47
97,62
83,64
67,16
50%
33,68
19,51
8,63
1,98
0,43
109,42%
112,30
113,82
111,86
107,19
100%
90,17
77,34
60,61
38,01
22,73
100%
95
90%
80%
70%
60%
50%
40%
30%
20%
10%
5
0
0   10% 20% 30% 40% 50% 60% 70% 80% 90% 100% 110% 120%
Q₁ und v₁

Überhöhter Eiquerschnitt   b:h=2:3,5.

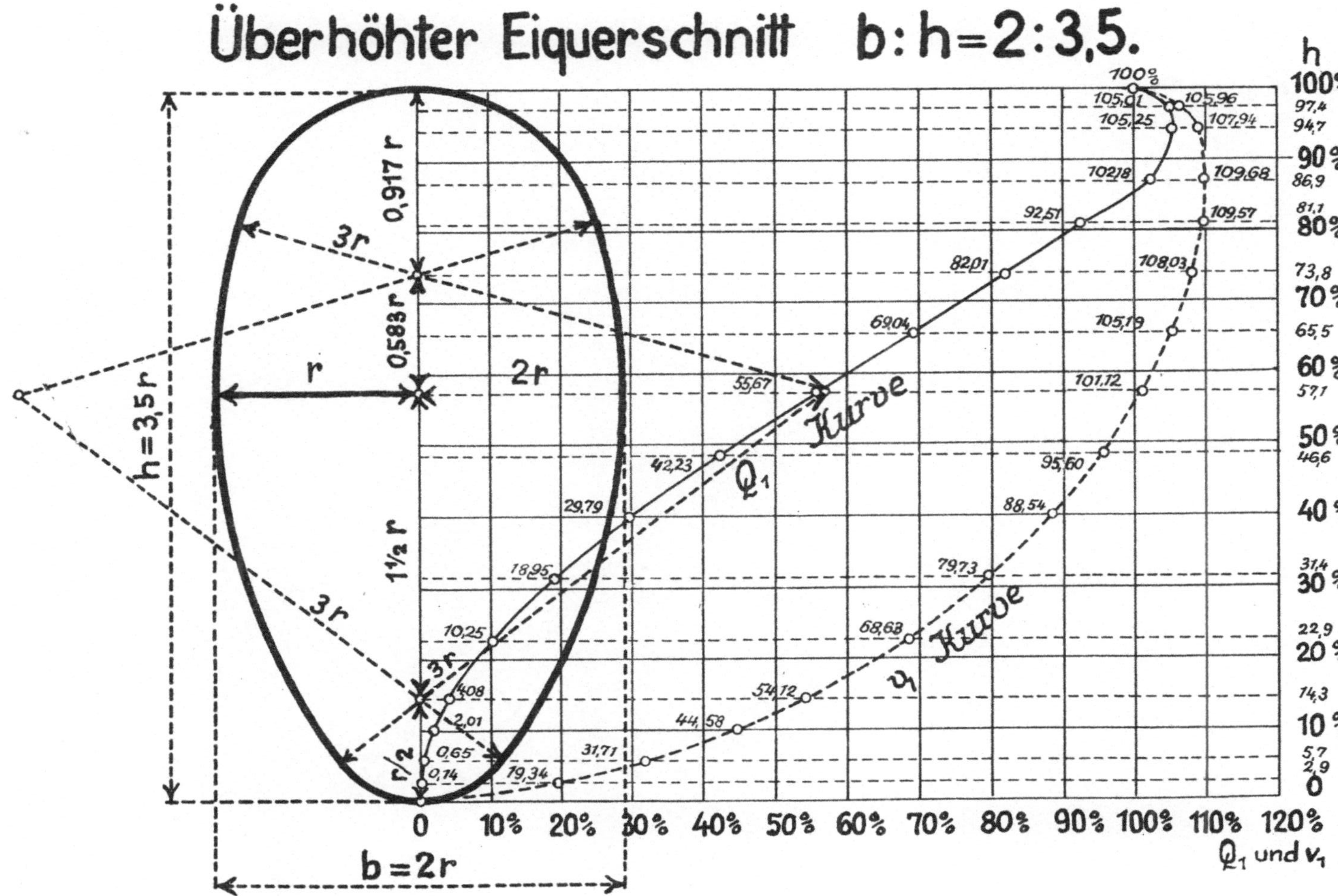

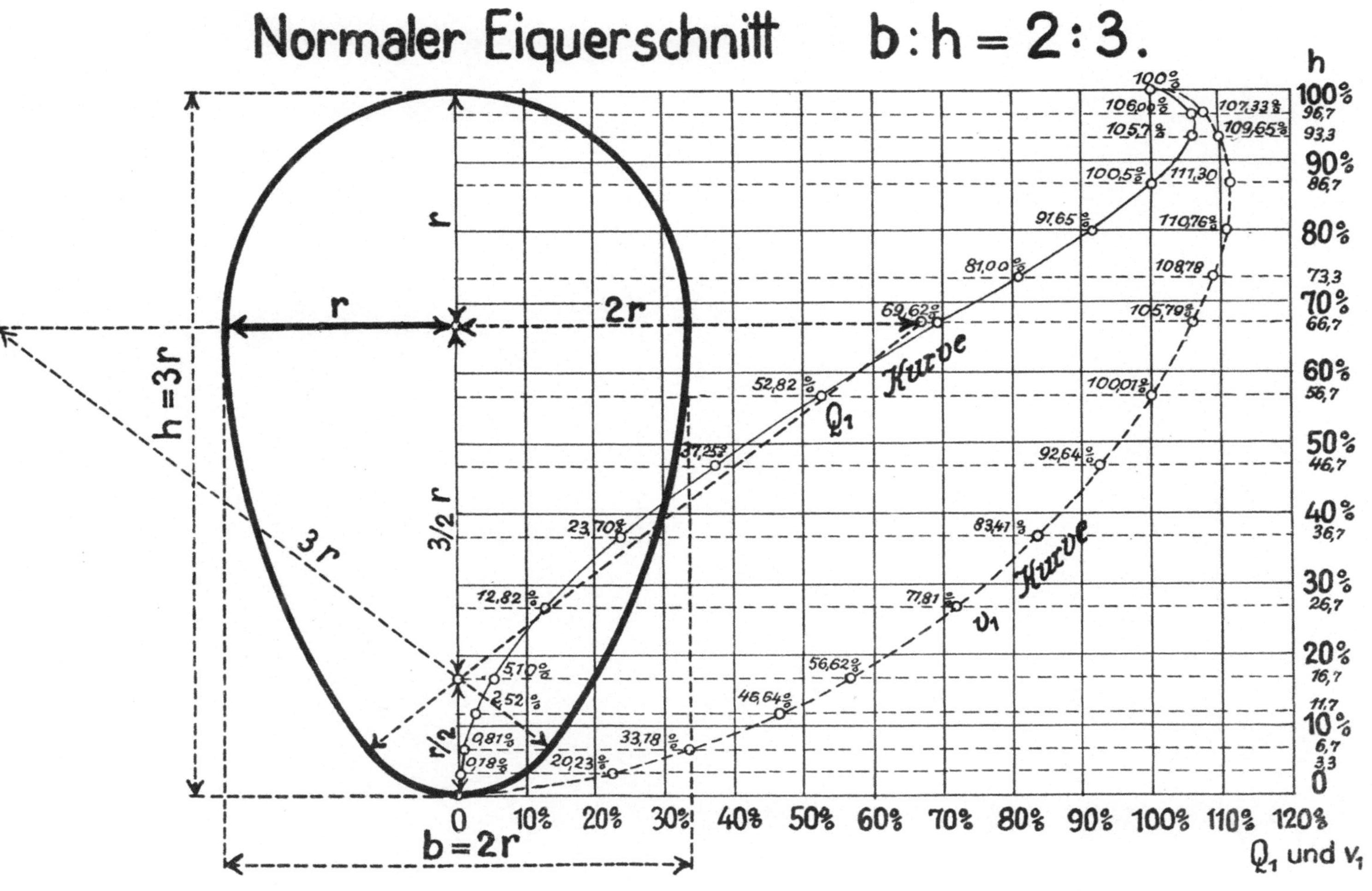

Normaler Eiquerschnitt   b:h = 2:3.
h
Q₁ und v₁
Kurve Q₁
Kurve v₁
b = 2r
h = 3r
2r
3r
r
3/2 r
r/2

Breiter Eiquerschnitt b:h = 2:2,5.

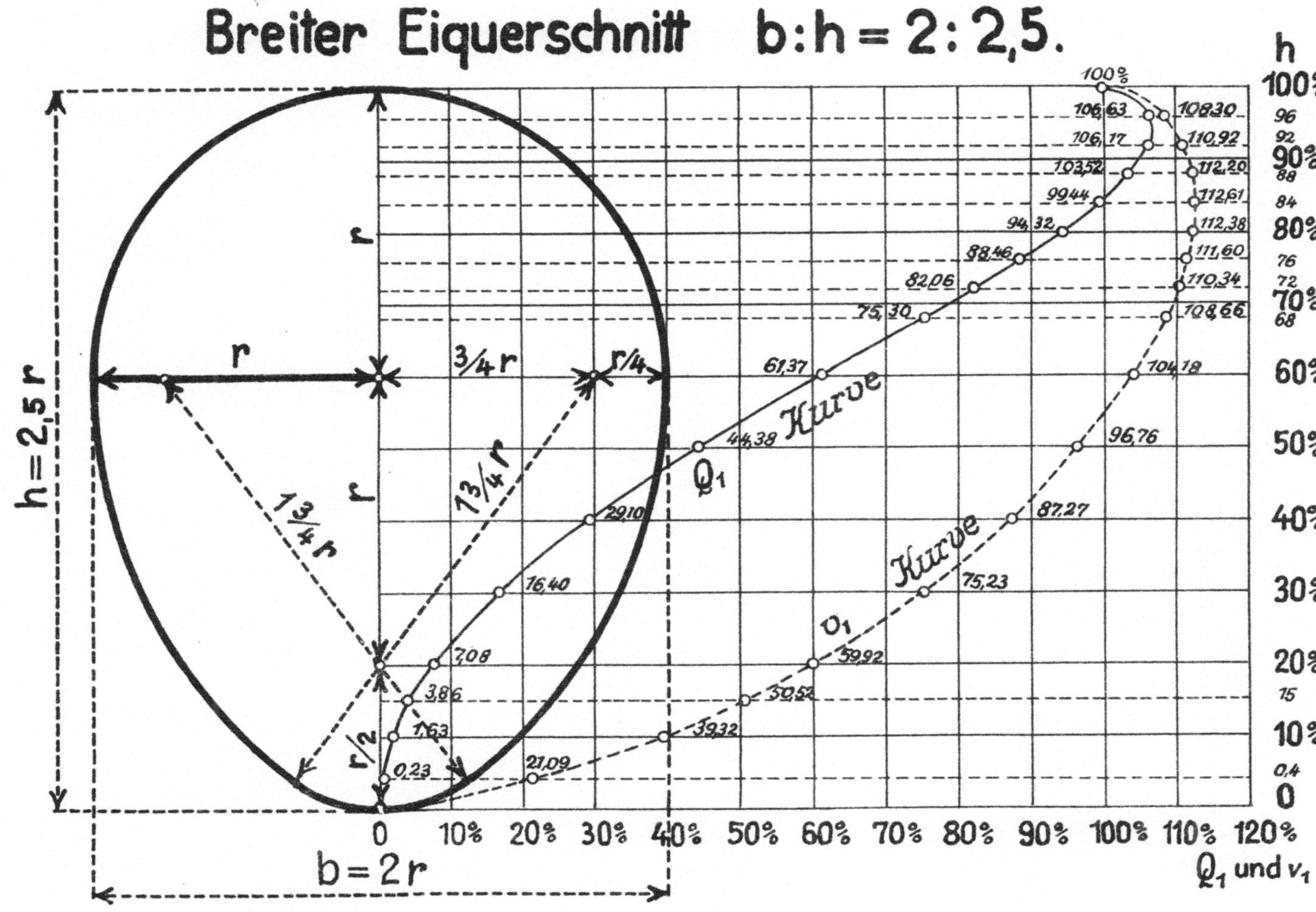

Gedrückter Eiquerschnitt b:h=2:2.

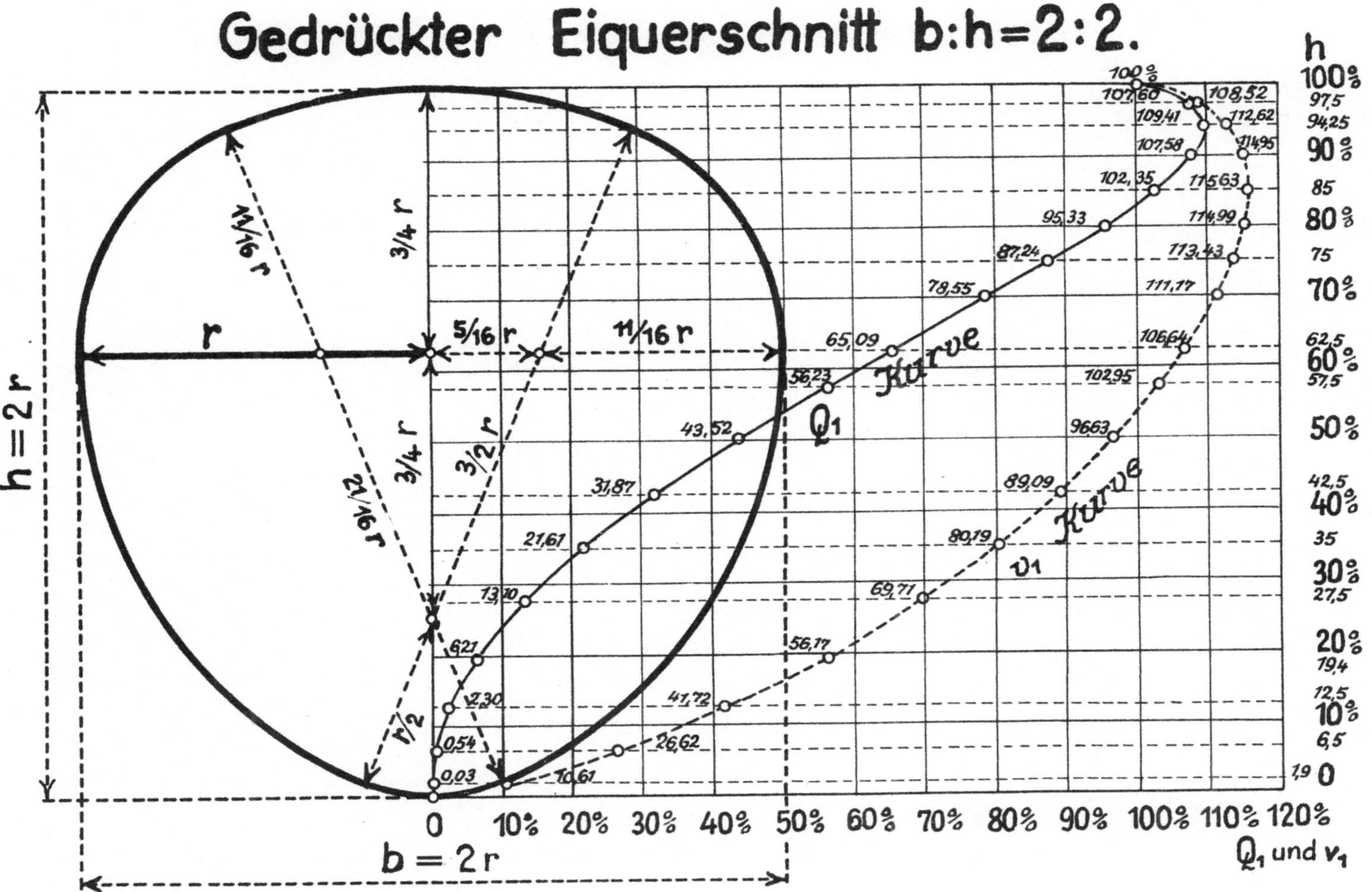

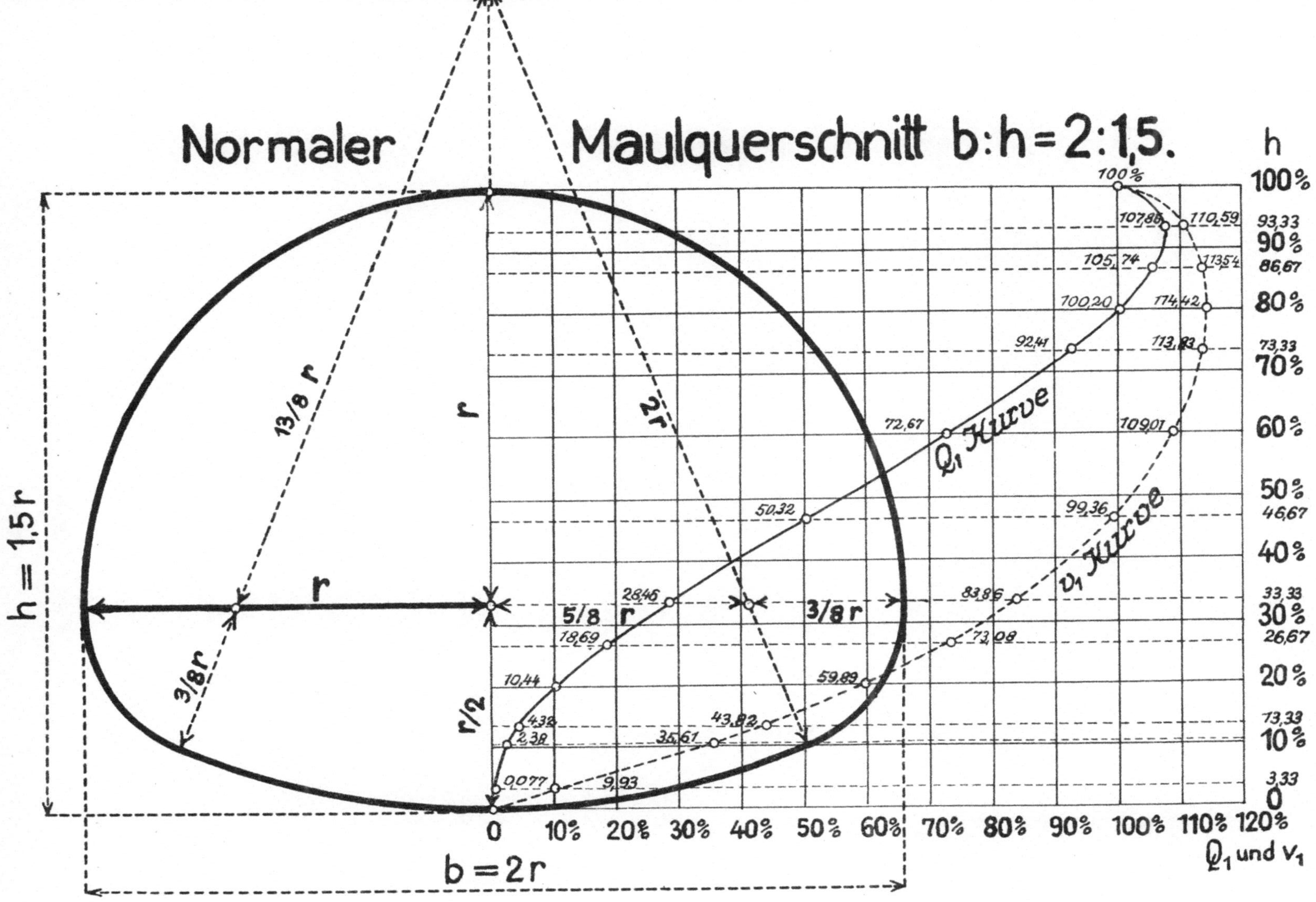

Normaler Maulquerschnitt b:h = 2:1,5.
Tafel 16.
h
100%
93,33
90%
86,67
80%
73,33
70%
60%
50%
46,67
40%
33,33
30%
26,67
20%
13,33
10%
3,33
0
Q₁ und v₁
h = 1,5 r
b = 2r
13/8 r
3/8 r
2r
r
r/2
5/8 r
3/8 r
Q₁ Kurve
v₁ Kurve
100%
107,88
110,59
105,74
113,54
100,20
114,42
92,41
113,83
72,67
109,01
50,32
99,36
2846
83,86
18,69
73,08
10,44
59,89
4,38
43,82
2,38
35,61
0,077
9,93
0   10%   20%   30%   40%   50%   60%   70%   80%   90%   100%   110%   120%

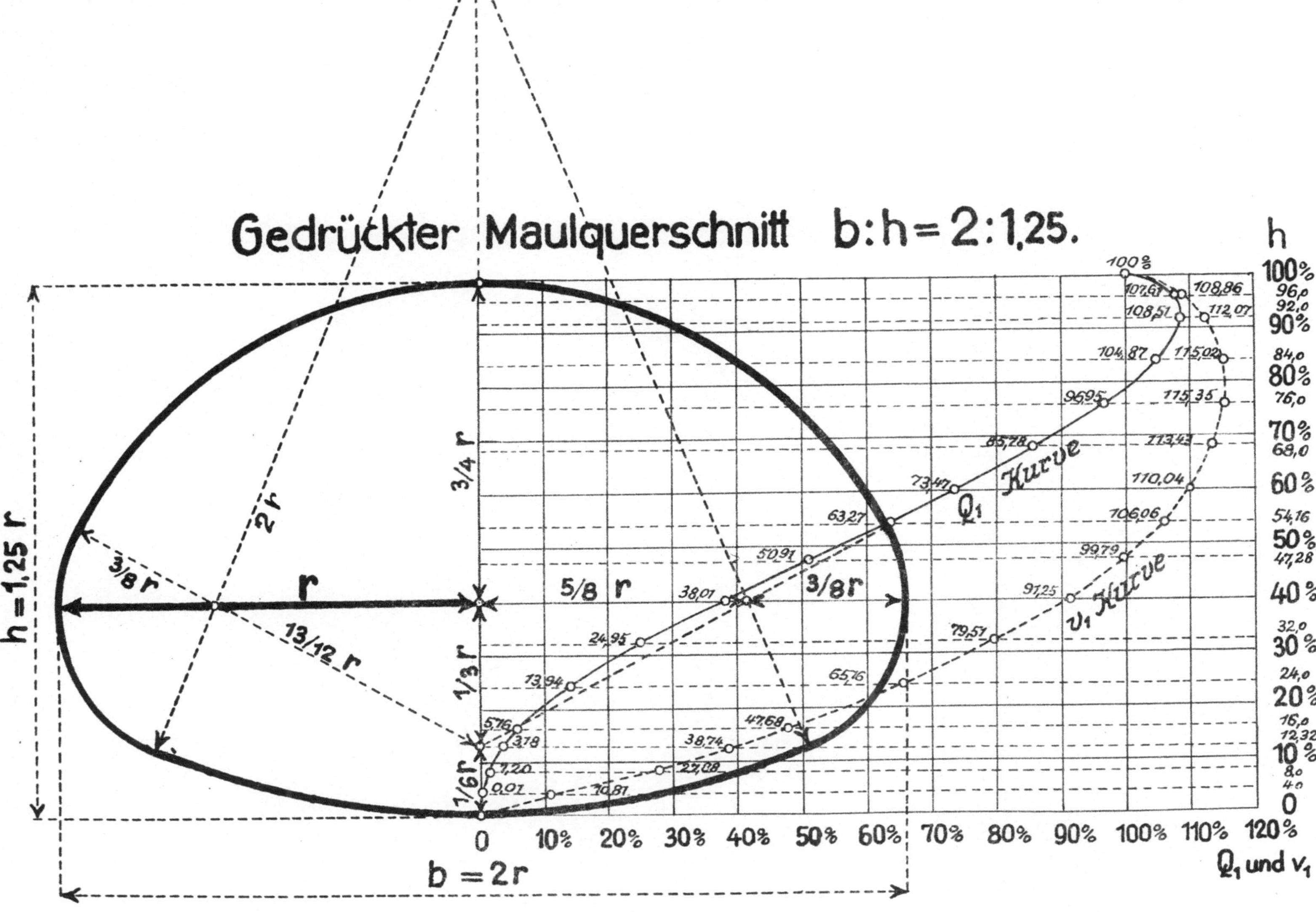

Gedrückter Maulquerschnitt b:h = 2:1,25.
h
Q₁ und v₁
Tafel 17.
b = 2r
h = 1,25 r
r
2r
13/12 r
3/8 r
3/8 r
3/4 r
5/8 r
1/3 r
1/6 r
Q₁ Kurve
v₁ Kurve

Überhöhter Maulquerschnitt b:h=2:2.

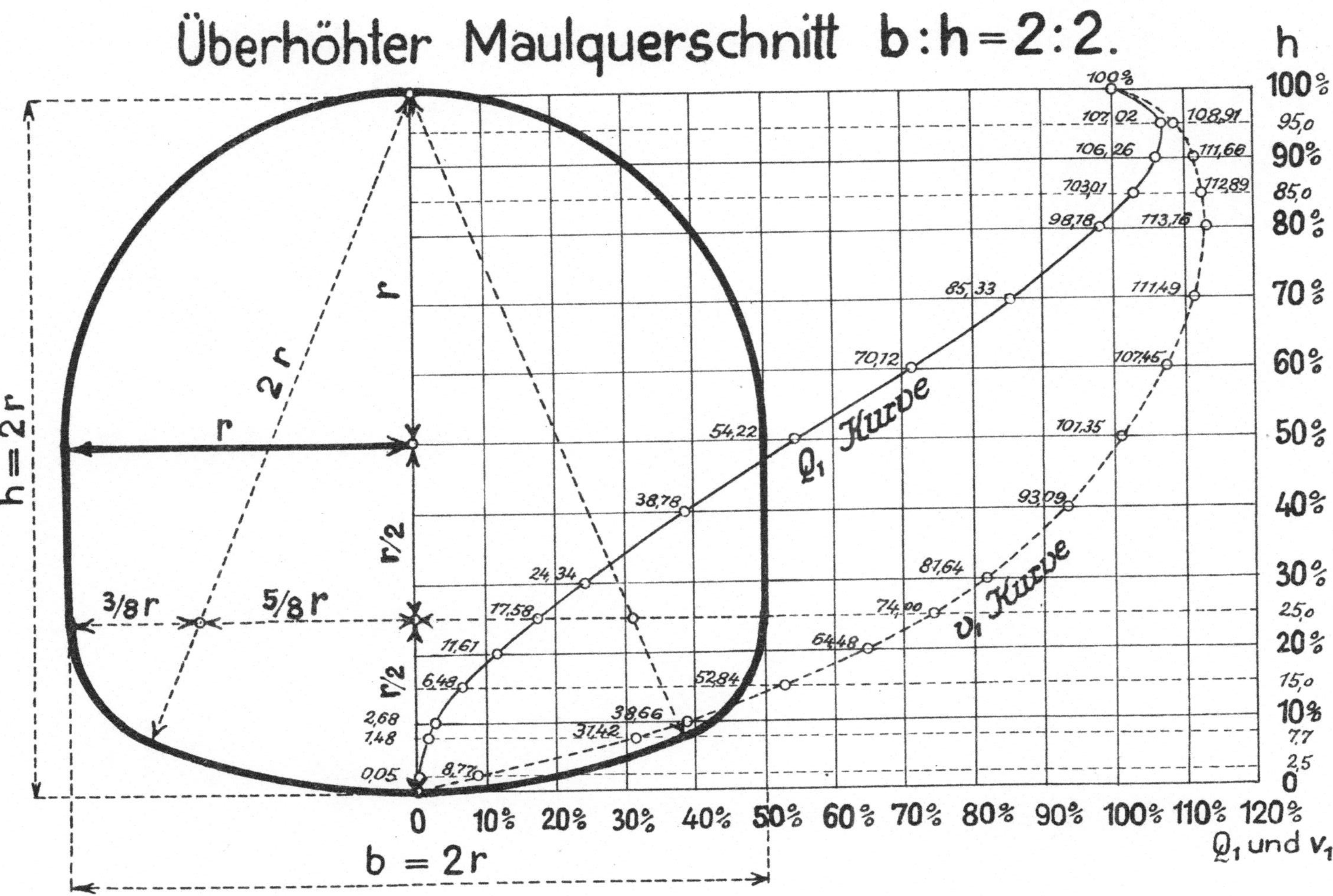

Rinnenquerschnitt mit einseitigem Auftritt b:h = 2:2,667. = 3:4.

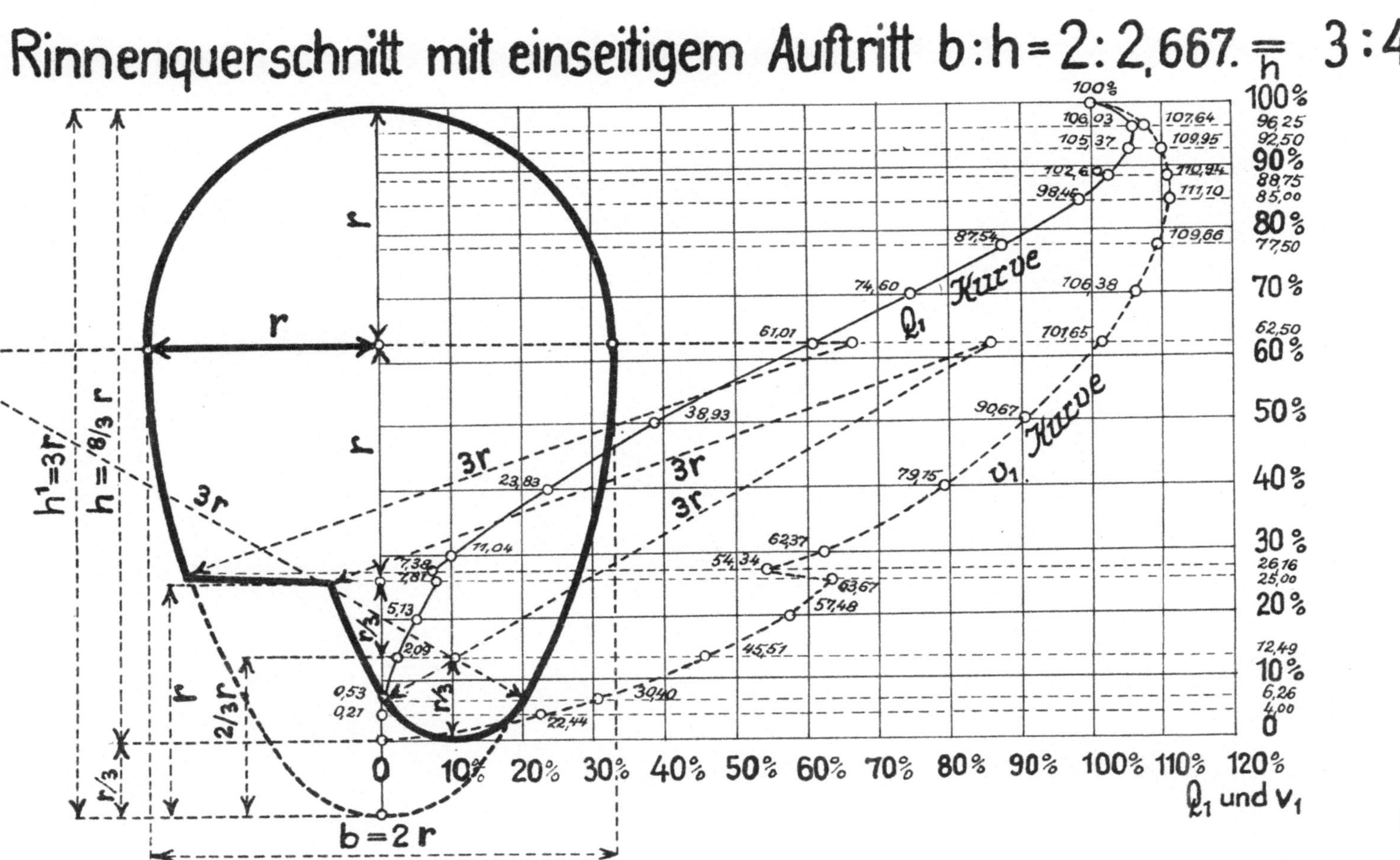

Rinnenquerschnitt mit beiderseitigem Auftritt b:h=2:2.

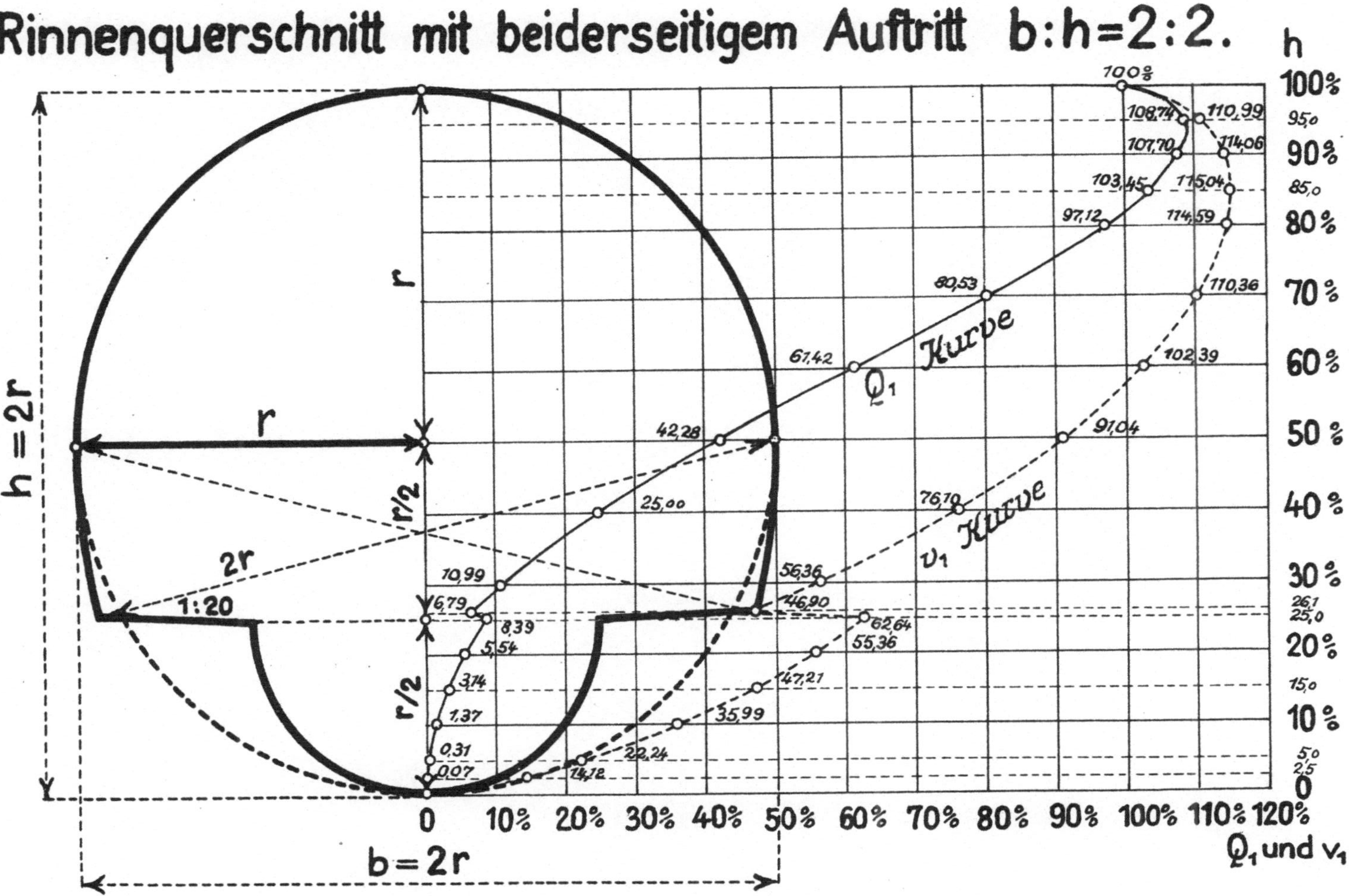

Anhang.

I. Ermittlung der Regenmengen in l/s ha nach den in mm gegebenen Regenhöhen bei verschiedener Regendauer.

1 mm Regenhöhe in 1 min ergibt eine Regenmenge von $\dfrac{10\,000}{60} = 166{,}67$ l/s ha,

1 mm Regenhöhe in 1 h ergibt eine Regenmenge von $\dfrac{10\,000}{3600} = 2{,}778$ l/s ha,

1 mm Regenhöhe in 24 h ergibt eine Regenmenge von $\dfrac{10\,000}{86\,400} = 0{,}1157$ l/s ha.

II. Tabelle über Regenhöhen in mm und die sich daraus ergebenden Regenmengen in l/s ha, in 1 min, 1 h und 24 h.

Regenhöhe in mm	0,05	0,1	0,2	0,3	0,4	0,5	0,6	0,7	0,8	0,9
Regenmenge l/s in 1 min ...	8,33	16,67	33,33	50,0	66,7	83,3	100	117	133	150
Regenmenge l/s in 1 h	0,139	0,28	0,56	0,83	1,11	1,39	1,67	1,94	2,22	2,50
Regenmenge l/s in 24 h	0,0058	0,0116	0,023	0,035	0,046	0,058	0,069	0,081	0,093	0,104

Regenhöhe in mm	1	2	3	4	5	6	7	8	9	10
Regenmenge l/s in 1 min ..	167	333	500	667	833	1000	1167	1333	1500	1667
Regenmenge l/s in 1 h	2,78	5,56	8,33	11,11	13,89	16,67	19,45	22,22	25,00	27,8
Regenmenge l/s in 24 h	0,116	0,231	0,347	0,463	0,579	0,694	0,810	0,926	1,041	1,157

Regenhöhe in mm	11	12	13	14	15	16	17	18	19	20
Regenmenge l/s in 1 min ...	1833	2000	2167	2333	2500	2667	2833	3000	3167	3333
Regenmenge l/s in 1 h	30,6	33,3	36,1	38,9	41,7	44,4	47,2	50,0	52,8	55,6
Regenmenge l/s in 24 h	1,273	1,388	1,504	1,620	1,736	1,851	1,967	2,083	2,198	2,314

Regenhöhe in mm	21	22	23	24	25	26	27	28	29	30
Regenmenge l/s in 1 min ...	3500	3667	3833	4000	4167	4333	4500	4667	4833	5000
Regenmenge l/s in 1 h	58,3	61,1	63,9	66,7	69,5	72,2	75,0	77,8	80,6	83,3
Regenmenge l/s in 24 h	2,430	2,545	2,661	2,777	2,893	3,008	3,124	3,240	3,355	3,471

Regenhöhe in mm	31	32	33	34	35	36	37	38	39	40
Regenmenge l/s in 1 min...	5167	5333	5500	5667	5833	6000	6167	6333	6500	6667
Regenmenge l/s in 1 h ...	86,1	88,9	91,7	94,5	97,2	100	103	106	108	111
Regenmenge l/s in 24 h	3,587	3,702	3,818	3,934	4,050	4,165	4,281	4,397	4,512	4,628

Regenhöhe in mm	41	42	43	44	45	46	47	48	49	50
Regenmenge l/s in 1 min...	6833	7000	7167	7333	7500	7667	7833	8000	8167	8333
Regenmenge l/s in 1 h	114	117	119	122	125	128	131	133	136	139
Regenmenge l/s in 24 h	4,744	4,859	4,975	5,091	5,207	5,322	5,438	5,554	5,669	5,785

Regenhöhe in mm	51	52	53	54	55	56	57	58	59	60
Regenmenge l/s in 1 min...	8500	8667	8833	9000	9167	9333	9500	9667	9833	10000
Regenmenge l/s in 1 h	142	144	147	150	153	156	158	161	164	167
Regenmenge l/s in 24 h	5,901	6,016	6,132	6,248	6,364	6,479	6,595	6,711	6,826	6,942

III. Anwendungsbeispiele zur Ermittlung der Regenmenge R nach der Tabelle S. 83.

a) Eine Regenmenge von 12 mm ist in 24 min gefallen.
Wieviel beträgt die Regenspende in l/s ha?
Nach der Tabelle beträgt die Regenspende in 1 min bei 12 mm Regenhöhe =
2000 l/s ha. Die gleiche Regenspende von 12 mm in 24 min $= \dfrac{2000}{24} = 83{,}33$ l/s ha.

b) In 1 h und 34 min sind 57 mm Regen gefallen.
Wieviel beträgt die Regenspende in l/s ha?
1 h und 34 min sind $60 + 34 = 94$ min. Nach der Tabelle beträgt die Regenspende
in 1 min und 57 mm = 9500 l/s ha. Die gleiche Regenspende von 57 mm beträgt in
94 min $= \dfrac{9500}{94} = 101{,}06$ l/s ha.

IV. Angaben für Berechnungen.

Regenhäufigkeit $n =$ Anzahl der Regenfälle bestimmter Dauer im Jahr, die eine
bestimmte Stärke überschreiten.

Regenreihen für verschiedene Häufigkeiten $n = \dfrac{1}{\text{Jahr}}$ (nach der Denkschrift „50 Jahre
Stadtentwässerung Berlin").

Regenspende r in l/s ha für eine Dauer von min.

Regendauer $T =$	5	10	15	20	25	30
Regenhäufigkeit $n = 1$	131	89	68	51	42	39
,, $n = \dfrac{1}{2}$	150	105	85	70	60	50
,, $n = \dfrac{1}{3}$	163	118	90	78	66	59

V. Deutsche Normen.
(DIN 4045, 2. Ausg., Okt. 1943).

Formelzeichen und Begriffsbezeichnungen in der Abwassertechnik.
1. Durch Formelzeichen bezeichnete Begriffe.

Bezeichnung	Formelzeichen	Gebräuchliche Maßeinheit	Erläuterungen
Einzugsgebiet .	F	ha km²	Das durch eine Wasser- oder Entwässerungsscheide begrenzte Niederschlagsgebiet, das zu einem bestimmten Punkte einer Abwasserleitung gehört.
Einzelfläche ...	F_z	ha km²	Teilfläche des Einzugsgebietes, $z = 1, 2, 3 \ldots$
Regenhöhe	N	mm	Die Höhe N, die das auf eine waagerechte Einzelfläche F_z niedergefallene Regenwasser auf dieser Fläche erreichen würde, wenn davon nichts (z. B. durch Versickern, Verdunsten oder Abfließen) verlorenginge.
Regendauer ...	T	min s	Die Zeitdauer T, die zwischen dem Beginn und dem Aufhören eines Regens oder eines Regenabschnittes liegt.
Regenfülle	R'	m³	Der Rauminhalt R' des Regenwassers, das sich bei der Regenhöhe N auf einer waagerechten Einzelfläche F_z ansammeln würde, wenn davon nichts (z. B. durch Versickern, Verdunsten oder Abfließen) verlorenginge. $R' = N \cdot F_z$.
Regenmenge...	R	m³/s l/s	Regenfülle in der Zeiteinheit $R = \dfrac{R'}{T}$.
Regenspende ..	r	l/s ha l/s km² m³/s km²	Regenmenge für die Flächeneinheit $$r = \frac{R}{F_z} = \frac{R'}{T \cdot F} \, .$$
Regenstärke ...	i	mm/min	Verhältnis von Regenhöhe zu Regendauer $$i = \frac{N}{T} = \frac{N \cdot F_z}{T \cdot F_z} = \frac{R'}{T \cdot F_z} = r$$ d. h. Regenstärke = Regenspende.
Regenhäufigkeit	n	$\dfrac{1}{\text{Jahre}}$	n = Anzahl der Regenfälle gegebener Regendauer innerhalb eines Jahres, die eine gegebene Regenstärke erreichen oder übertreffen, bzw. von Regenfällen, die innerhalb mehrerer Jahre nur einmal vorkommen. So bezeichnet man mit $n = 0{,}1$ einen Regen, der in 10 Jahren einmal $n = 0{,}2$ einen Regen, der in 5 Jahren einmal $n = 0{,}5$ einen Regen, der in 2 Jahren einmal $n = 1$ einen Regen, der in 1 Jahr einmal $n = 2$ einen Regen, der in 1 Jahr zweimal überschritten wurde.
Abflußhöhe ...	A	mm	Die Höhe (A), die das von einer Einzelfläche (F_z) abgeflossene Wasser unter Annahme gleichmäßiger Verteilung auf dieser Fläche eingenommen haben würde.
Abflußdauer ...	τ	min s	Dauer des Abflußvorganges.
Abflußfülle	Q'	m³	Rauminhalt Q' des von einer Einzelfläche F_z abgeflossenen Wassers. $Q' = A \cdot F_z$.
Abfluß........	Q	m³/s l/s	Das in der Zeiteinheit durch den Querschnitt einer Abflußstelle des Entwässerungsgebietes fließende Wasser
Größtabfluß ...	Q_{max}	m³/s l/s	Größtwert des Abflusses.
Abflußspende ..	q	l/s ha l/s km² m³/s km²	Der für die Flächeneinheit des Einzugsgebietes in der Zeiteinheit sich ergebende Abfluß $$q = \frac{Q}{F_z} = \frac{Q'}{\tau \cdot F_z} \, .$$

Durch Formelzeichen bezeichnete Begriffe (Fortsetzung).

Bezeichnung	Formelzeichen	Gebräuchliche Maßeinheit	Erläuterungen
Abflußstärke ..	a	mm/min	Verhältnis der Abflußhöhe zur Abflußdauer τ $$a = \frac{A}{\tau} = \frac{A\,F_z}{\tau \cdot F_z} = \frac{Q'}{\tau \cdot F_z} = q$$ d. h. Abflußstärke = Abflußspende.
Abflußbeiwert .	ψ	—	Der Abflußbeiwert — auch Abflußverhältnis genannt — dient dazu, für ein Entwässerungsgebiet bestimmter örtlicher Gestaltung unter Berücksichtigung von Klima und Jahreszeit Beziehungen zwischen Regen und Abfluß herzustellen.
Scheitelabflußbeiwert	ψ_s	—	$\psi_s = \dfrac{Q_{max}}{R_{max}} = \dfrac{\text{Größtabfluß}}{\text{größte Regenmenge}}$ des untersuchten Regens.
Gesamtabflußbeiwert	ψ_m	—	$\psi_m = \dfrac{Q'}{R'} = \dfrac{\text{Gesamtabflußfülle}}{\text{Gesamtregenfülle}}$ des untersuchten Regens.
Bevölkerungsdichte	B	E/ha	Die auf 1 ha besiedelter Grundfläche entfallende Einwohnerzahl E. Die besiedelte Grundfläche ist jeweils für den ganzen Baublock bis zur Mitte der Straßenfahrbahn zu bestimmen. Für Entwurfszwecke ist jedoch vielfach nicht die tatsächliche, sondern die größtmögliche Bevölkerungsdichte zugrunde zu legen.
Schmutzwasseranfall	w	l/TE	Verhältnis der Schmutzwasserfülle zur Einwohnerzahl und Anfalldauer.
Schmutzwasserabfluß	Q_s	l/s m³/s	Schmutzwassermenge in der Zeiteinheit. Meist wird Q_s als Durchschnittsabfluß aus größeren Zeiträumen (z. B. aus den 10 Tagesstunden des stärksten Schmutzwasseranfalles) berechnet; Bezeichnung: z. B. Q_{s10}.
Schmutzwasserabflußspende	q_s	l/s ha	Schmutzwasserabfluß für die Flächeneinheit. Meist wird q_s als durchschnittliche Abflußspende aus größeren Zeiträumen (z. B. aus den 10 Tagesstunden des stärksten Schmutzwasseranfalles) berechnet; Bezeichnung: $q_{s\,10}$. Allgemeiner Durchschnittswert: $q_s = \dfrac{B \cdot w}{24 \cdot 60 \cdot 60}$.
Abflußgeschwindigkeit	v	m/s	Wegstrecke eines bewegten flüssigen Körpers in der Zeiteinheit.
Fließzeit	t	min s	$t = \dfrac{l}{v} = \dfrac{\text{Leitungslänge}}{\text{Abflußgeschwindigkeit}}.$
Leitungslänge .	l	m	
Leitungsquerschnitt	f	m²	Gesamtdurchflußquerschnitt der Leitung (benetzter Querschnitt), meist Regelquerschnitt.
Wassertiefe, Füllhöhe	h	m	
Abflußvermögen	Q_0	m³/s l/s	Der Abfluß der von einem bestimmten Leitungsquerschnitt bei Vollfüllung (im allgemeinen unter Zugrundelegung des Sohlengefälles) abgeführt werden kann.
Abflußquerschnitt	f_a	m²	Der von dem Abfluß jeweils in Anspruch genommene Querschnitt; $f_a \leqq f$.
Benetzter Umfang	U	m	Die Länge des vom hindurchfließenden Wasser benetzten Teiles der Querschnittsbegrenzungslinie.
Hydraulischer Radius	R	m	$R = \dfrac{f_a}{U}$.

Durch Formelzeichen bezeichnete Begriffe (Fortsetzung)

Bezeichnung	Formel-zeichen	Ge-bräuchliche Maßeinheit	Erläuterungen
Gefälle			Verhältnis des Höhenunterschiedes zweier Punkte zu der in waagerechter Richtung gemessenen Entfernung.
a) Energiegefälle	J_e		Gefälle der Energielinie.
b) Spiegelgefälle	J		Gefälle des freien Wasserspiegels.
c) Sohlengefälle	J_s		
d) Druckgefälle	J_p		Gefälle der Drucklinie. Das Gefälle ist in der Form 1 : … anzugeben (vgl. hierzu DIN 4050, Bestandspläne).
Fallhöhe ……	H'	m	Lotrechter Höhenunterschied zweier Spiegelpunkte.
Wasserdruck-höhe …….	H	m	Höhe einer Wassersäule, deren Gewicht gleich dem Druck des Wassers auf dem betreffenden Flächenelement ist.
Geschwindig-keitsbeiwert .	c oder k	$m^{0,5}/s$	Verhältniszahl zur Berechnung der Geschwindigkeit aus empirischen Formeln, z. B. in der Formel von Brahms-Chézy $v = k\sqrt{RJ}$, oder $v = c'\sqrt{g}\,\sqrt{RJ}$, worin $c' = \dfrac{k}{\sqrt{g}}$ ein dimensionsloser Beiwert ist.

2. Sonstige Bezeichnungen.

Bezeichnung	Erläuterungen
Regen Schwachregen ….	Regen von der Stärke i und der Dauer T mit $C < 9,0$ mm/min ……………
Starkregen ……	Regen von der Stärke i und der Dauer T mit $C \geqq 9,0$ mm/min ……………
Platzregen ……	Regen von der Stärke i und der Dauer T mit $C \geqq 13,5$ mm/min ……………
Wolkenbruch ….	Regen von der Stärke i und der Dauer T mit $C \geqq 18,0$ mm/min ……………

in der Gleichung
$$i = \frac{C}{(T/\mathrm{min} + 18)^{0,765}}$$
Vgl. Reinhold, Gesundh.-Ing. 58 (1935) S. 369.

Bezeichnung	Erläuterungen
Berechnungsregen…	Regen bestimmter Häufigkeit, Stärke und Dauer, der der Berechnung zugrunde gelegt werden soll.
Regenhöhenganglinie	Die vom Schreibregenmesser aufgezeichnete Linie, welche die Regenhöhe in Abhängigkeit von der Zeit darstellt.
Regenreihe ……	Zusammenstellung von zusammengehörigen Werten von Regendauern und Regenstärken oder Regenspenden gleicher Regenhäufigkeit. Ort und Zeitraum, aus deren Beobachtungen die Regenreihe gewonnen ist, sind anzugeben, z. B.: „Regenreihe Stuttgart 1920 bis 1935".
Regenstärkelinie …	Zeichnerische Darstellung des Zusammenhanges zwischen Regenstärke und Regendauer (z. B. auch nach einer Potenzformel $i = \dfrac{C}{T^a}$ u. ä.). Auch hier sind Ort und Beobachtungszeitraum anzugeben.
Regenspendelinie …	Entsprechend wie bei der Regenstärkelinie für Regenspende und Regendauer.
Überlastung ……	Der Abfluß ist größer als der Rechnung zugrunde gelegt war. Wasserspiegellinie (Drucklinie) tritt über den Leitungsscheitel hinaus.
Überstauung ……	Die Drucklinie überschreitet Gelände oder Kellerfußboden, es tritt Überschwemmung ein.

Sonstige Bezeichnungen (Fortsetzung).

Bezeichnung	Erläuterungen
Regenauslaß	Bezeichnung für Auslässe beim Misch- und Trennverfahren, die entsprechend der Berechnung des Leitungsnetzes zur Abführung von mit Schmutzwasser vermischtem Regenwasser oder von Regenwasser allein dienen.
Notauslaß	Bezeichnung für Auslässe, die nur in Notfällen, d. h. in Fällen höherer Gewalt dem Vorfluter Schmutzwasser oder mit Schmutzwasser vermischtes Regenwasser zuführen.
Verdünnung	Beispiel: 4fache Verdünnung bedeutet: 1 Teil Schmutzwasser $+$ 3 Teile Regen- oder Flußwasser $=$ insgesamt 4 Teile. Bezeichnung: „Verdünnung 1 $+$ 3".
Abwasser	Durch den häuslichen, gewerblichen oder industriellen Gebrauch verunreinigtes und von Niederschlägen abfließendes Wasser. In erster Linie kommt als Abwasser in Frage: a) Schmutzwasser b) Niederschlagswasser c) Mischwasser, a) und b) gemischt. Zur näheren Erläuterung der Herkunft des Abwassers sind Bezeichnungen wie „Hausabwasser", „Gewerbeabwasser", „Industrieabwasser" usw. anzuwenden. Die Bezeichnung „Brauchwasser" ist unter allen Umständen zu vermeiden.
Leitungsnetz .... Schmutzwassernetz Regenwassernetz Mischwassernetz	Die Bezeichnung „Leitung" tritt künftig an die Stelle bisheriger anderer Bezeichnungen, wie Siel, Dohle, Schleuse usw., die nicht mehr verwendet werden sollen.
Mischverfahren	Gemeinsame Ableitung von Schmutzwasser und Niederschlagswasser in einem Entwässerungsnetz.
Trennverfahren	Getrennte Ableitung von Schmutzwasser und Niederschlagswasser in zwei verschiedenen Entwässerungsnetzen.
Trockenwetter ..... Regenwetter	In Verbindung mit anderen Bezeichnungen, z. B. Regenwetterabflußspende: die in Mischwasserleitungen bei Regenwetter auftretende Abflußspende; Trockenwetterabfluß; das in Mischwasserleitungen abfließende Schmutzwasser.
Vollfüllung	Die Leitung, meist Regelquerschnitt, ist bis zum Scheitel gefüllt.
Teilfüllung	Die Leitung ist nur bis zu einer bestimmten Füllhöhe gefüllt.
Steinzeugrohr ...... Betonrohr	Die Bezeichnung „Tonrohr" und „Zementrohr" ist in der Abwassertechnik zu vermeiden. Die amtlichen und technisch-wissenschaftlichen Bezeichnungen sind „Steinzeugrohr" und „Betonrohr".
Steinzeugrohre ..... Betonrohre	Soweit bei Werkstoffbezeichnungen die Bezeichnung „Rohr" verwendet wird, ist als Mehrzahl die Bezeichnung „Rohre", nicht „Röhren" zu gebrauchen.
Ablauf	An die Stelle der Ausdrücke „Sinkkasten", „Gully" usw. tritt die Bezeichnung „Ablauf". Je nach der Lage des Ablaufes heißt es „Straßenablauf", „Kellerablauf", „Hofablauf", „Gartenablauf" usw.
Absetzvorgang ..... Absetzbrunnen Absetzbecken	Bezeichnung für den Vorgang und die Einrichtungen zur Befreiung des Wassers von den absetzbaren Stoffen.
Belebungsverfahren . Belebter Schlamm	Abwasserreinigungsverfahren, bei dem das Abwasser durch Einblasen von Luft und durch Umwälzen mittels Flocken belebt wird, die von Schmutz abbauenden Kleinlebewesen besiedelt sind. Die Flocken nennt man, wenn sie abgesetzt sind, „belebter Schlamm". Bezeichnungen wie: „Belebtschlammverfahren", „Schlammbelebungsverfahren", „Belebtschlamm", „aktivierter Schlamm" usw. sollen nicht mehr verwendet werden.

Sonstige Bezeichnungen (Fortsetzung).

Bezeichnung	Erläuterungen
Wasserstoffionenzahl oder Wasserstoffzahl.............	Kennzeichnung der neutralen, sauren oder alkalischen Reaktion des Abwassers: Ihr negativer Logarithmus ist der p_H-Wert, der bei saurer Reaktion größer als 7, bei neutraler $= 7$, bei alkalischer kleiner als 7 ist.
Biochemischer Sauerstoffbedarf.......	Sauerstoffmenge in mg/l, die erforderlich ist, um die organischen Stoffe des Abwassers mit Hilfe von Bakterien zu oxydieren. Dabei unterscheidet man einen Abschnitt, der nach 5 Tagen festgestellt wird (BSB_5) und einen weiteren, der in 20 Tagen beendet ist (BSB_{20}).
Längsnetz	(an Stelle von Parallelnetz und von Zonennetz). Mehrere unter sich und mit dem Vorfluter gleichlaufende Sammler; diese können hierbei auch in verschiedenen Höhenlagen stufenförmig übereinander liegen (Abb. 1). Abb. 1. Längsnetz.
Quernetz	(an Stelle von Perpendikularnetz). Senkrecht zur Richtung des Vorfluters unmittelbar in diesen einmündendes Netz, z. B. Regenwassernetze. Wenn ein oder mehrere Hauptsammler mit dem Vorfluter gleichlaufen und die Einmündungen der Quernetze in den Vorfluter abfangen, wird das Quernetz zum „Abfangnetz" (Abb. 2). Abb. 2. Quernetz. a = Abfangsammler.
Verästelungsnetz....	(an Stelle von Radialnetz). Mehrere Einzelsammler laufen unmittelbar ohne Zwischenschaltung eines Hauptsammlers in einer Kläranlage oder einem Pumpwerk zusammen (Abb. 3). Abb. 3. Verästelungsnetz.
Bezirksnetz	(an Stelle von Radialnetz). Mehrere getrennte Gebiete werden durch Verästelungsnetze entwässert. Die Abwässer werden nach einem oder mehreren Aufnahmepunkten geführt (Abb. 4). Abb. 4. Bezirksnetz.

Landwirtschaftliche Abwasserverwertung.

Bezeichnung	Erläuterungen
Landwirtschaftliche Nutzflächen......	Die landwirtschaftliche Nutzfläche umfaßt die gesamte landwirtschaftlich in irgendeiner Form genutzte Fläche des Gutes (also ausschließlich Forstflächen, Hofflächen, Wege usw.).
Bewässerungsflächen	Flächen, die zur Bewässerung mit Abwasser geeignet sind und verwendet werden. Bewässerungsflächen können entweder für eine regelmäßige, ständige Bewässerung besonders hergerichtet sein oder ohne entsprechende Herrichtung (wild) bewässert, also beregnet oder berieselt werden. Je nachdem die Bewässerung dauernd oder nur zeitweise erfolgt, kann man zwischen Dauerbewässerungs- und Zeitbewässerungsflächen unterscheiden.
Trockenflächen	sind alle nicht zur Bewässerung verwendeten landwirtschaftlich genutzten Flächen.

Sonstige Bezeichnungen (Fortsetzung).

Bezeichnung	Erläuterungen
Stammrieselflächen .	sind zur regelmäßigen und ständigen Berieselung besonders hergerichtete Flächen, also Flächen, die eingeebnet sind und mit entsprechenden ständigen Einrichtungen zur Stau- oder Hangberieselung ausgestattet sind (Dämme, Gräben, u. U. Dränungen usw.), also vorwiegend berieselt werden sollen.
Stammregenflächen .	sind zur Beregnung besonders hergerichtete Flächen, also Flächen, die mit entsprechenden Einrichtungen zur Abwasserverregnung ausgestattet sind (Rohrleitungen, Zapfstellen usw.) und vorwiegend beregnet werden sollen. Diese Begriffsbestimmung schließt nicht aus, daß Stammrieselflächen zeitweise auch beregnet werden können (z. B. mittels fliegender Anlagen) und Stammregenflächen zeitweise auch berieselt werden können (z. B. aus dem Rohrleitungsnetz der Regenanlage).
Rieselflächen . . . . Regenflächen	Wenn Mißverständnisse ausgeschlossen sind, können Stammriesel- und -regenflächen auch schlechtweg als Riesel- oder Regenflächen bezeichnet werden.
Zeitrieselflächen . . . . Zeitregenflächen	sind nicht besonders für eine ständige Berieselung oder Beregnung hergerichtete Flächen, die aber trotzdem entweder beregnet oder berieselt werden sollen.

3. Wasserstands- und Abflußzahlen.

Bezeichnung	Zeichen	Erläuterungen
Niedrigster überhaupt bekannter Wasserstand	NNW	
Kleinster überhaupt bekannter Abfluß	NNQ	
Niedrigster Wasserstand des betrachteten Zeitraumes	NW	
Kleinster Abfluß des betrachteten Zeitraumes	NQ	
Mittlerer niedrigster Wasserstand des betrachteten Zeitraumes	MNW	
Mittlerer kleinster Abfluß des betrachteten Zeitraumes	MNQ	
Mittlerer Wasserstand des betrachteten Zeitraumes	MW	nach den Beschlüssen der Landesanstalten für Gewässerkunde vom Jahre 1925.
Mittlerer Abfluß des betrachteten Zeitraumes	MQ	
Mittlerer höchster Wasserstand des betrachteten Zeitraumes	MHW	
Mittlerer höchster Abfluß des betrachteten Zeitraumes	MHQ	
Höchster Wasserstand des betrachteten Zeitraumes	HW	
Höchster Abfluß des betrachteten Zeitraumes	HQ	
Höchster überhaupt bekannter Wasserstand	HHW	
Höchster überhaupt bekannter Abfluß	HHQ	
Gewöhnlicher Wasserstand des betrachteten Zeitraumes	GW	
Gewöhnlicher Abfluß des betrachteten Zeitraumes	GQ	
Kleinste überhaupt bekannte Abflußspende	NNq	
Niedrigste Abflußspende des betrachteten Zeitraumes	Nq	
Mittlere kleinste Abflußspende des betrachteten Zeitraumes	MNq	
Mittlere Abflußspende des betrachteten Zeitraumes	Mq	
Mittlere höchste Abflußspende des betrachteten Zeitraumes	MHq	
Höchste Abflußspende des betrachteten Zeitraumes	Hq	
Höchste überhaupt bekannte Abflußspende	HHq	

VI. Deutsche Normen.
(DIN 4263, Juni 1947).

Leitungsquerschnitte des Wasserbaus.

Vorbemerkung.

1. Die nachstehend behandelten Querschnitte gelten für alle geschlossenen Leitungen des Wasserbaus, insbesondere solche für Reinwasser, Brauchwasser, Abwasser, Triebwasser usw. Die Ausgangsformen für die Leitungsquerschnitte sind der Kreis-, Ei- und Maulquerschnitt. Die Querschnittsabmessungen sind in mm, die Abmessungen für die hydraulische Berechnung in m und m² angegeben.

2. Die Querschnitte setzen sich aus folgenden Teilen zusammen:

Bezeichnung	Querschnittsfläche f	Querschnittsumfang U
Halbkreis	1,571 r²	3,142 r
Oberteil von Nr. 2	2,469 r²	4,063 r
Oberteil von Nr. 5	1,209 r²	2,803 r
Oberteil von Nr. 8	1,130 r²	2,708 r
Unterteil von Nr. 2 und 3 ..	3,023 r²	4,788 r
Unterteil von Nr. 4	2,252 r²	3,890 r
Unterteil von Nr. 5	1,888 r²	3,483 r
Unterteil von Nr. 6, 7 und 8	0,807 r²	2,461 r

Die Querschnittsabmessungen sind in Abhängigkeit von r = b/2 angegeben.

3. Der Kreisquerschnitt wird auf allen Gebieten der Wasserkraftnutzung sowie des Wasserversorgungs- und Abwasserwesens angewendet mit Ausnahme von größeren Entwässerungsleitungen, die nur einen kleinen Trockenwetterabfluß gegenüber Naßwetter führen (Mischwasserleitungen).

Die Eiquerschnitte Nr. 2—5 mit spitzer Sohlenform sind den Bedürfnissen der Entwässerung nach dem Mischverfahren mit kleinem Trockenwetterabfluß angepaßt. Bei nicht voll begehbaren Leitungen (unter 1800 mm Höhe) ist dem überhöhten Eiquerschnitt der Vorzug zu geben, dann dem normalen Eiquerschnitt, während die breite oder gedrückte Form nur Ausweichquerschnitte bei geringer Bauhöhe darstellen. Für das Trennverfahren und Wasserleitungen verschiedener Art werden die Eiquerschnitte aus statischen Gründen und wegen des bequemeren Auftritts besser gestürzt angeordnet. Zur Erzielung möglichst großer Leistungen bei geringer Bauhöhe eignen sich für Rein-, Nutz- und Regenwasserleitungen die Maulquerschnitte[1].

Außer diesen Querschnitten können in Einzelfällen auch Rechteckquerschnitte notwendig werden. Bei großen Leitungsquerschnitten, insbesondere bei der Entwässerung nach dem Mischverfahren, ist die Anordnung von seitlichen Auftritten zweckmäßig. Hierbei muß die Rinne so groß bemessen sein, daß sie bei Trockenwetter nicht überspült wird; über dem Auftritt muß ausreichende Durchgangshöhe vorhanden sein. Im Bedarfsfalle kann bei im Verhältnis zum Regenwasser sehr kleinen Schmutzwassermengen (Gegenden mit großen Niederschlägen) der Auftritt in Nr. 9 des Rinnenquerschnitts zur Vergrößerung der Durchgangshöhe entsprechend tiefer angeordnet werden. Die Rinne in Abb. 9 entspricht etwa dem Unterteil eines normalen Eiquerschnitts, dessen Gesamthöhe zwei Drittel der Höhe des Grundquerschnitts ist.

4. Armaturen (Absperrschieber, Klappen usw.) werden nur für diejenigen Kreisquerschnitte, normalen Eiquerschnitte und normalen Maulquerschnitte hergestellt, die in den Tafeln durch Umrandung kenntlich gemacht sind. Für Rechteckquerschnitte stellt die Armaturenindustrie außerdem Armaturen für folgende Querschnitte her:

---

[1] Von der Normung des Haubenquerschnitts ist abgesehen worden, da die Eiquerschnitte gestürzt mit halbkreisförmiger Sohle hydraulisch und statisch den meisten Bedürfnissen genügen.

Achsenverhältnis		
$b : h = 2 : 3$	$b : h = 2 : 2$	$b : h = 2 : 1,5$
600/ 900	200/ 200	1000/ 750
800/1200	300/ 300	1200/ 900
1000/1500	400/ 400	1400/1050
1200/1800	500/ 500	1600/1200
1400/2100	600/ 600	1800/1350
1600/2400	800/ 800	2000/1500
	1000/1000	2400/1800
	1200/1200	2800/2100
	1400/1400	3200/2400
	1600/1600	
	1800/1800	
	2000/2000	
	2200/2200	
	2400/2400	
	2600/2600	
	2800/2800	
	3000/3000	

Folgende Armaturen werden hergestellt:

Handschieber in Kreis- und Quadratform bis 0,25 m² Leitungsquerschnitt,

Schneckenschieber in Kreis-, Quadrat- und Eiform bis 0,8 m² Leitungsquerschnitt,

Kettenschieber in allen Formen über 0,8 m² Leitungsquerschnitt,

Gewindeschieber für alle Formen und Abmessungen,

außerdem folgende gehäuselosen Klappenausführungen;

Rohrklappen mit Stutzen oder Muffen für Kreisform bis 0,71 m² Leitungsquerschnitt,

Rückstauklappen in Kreis- und Maulform für alle Abmessungen.

Werden Rechteckquerschnitte verwendet, so sind die Sohlen, insbesondere für Entwässerungsleitungen, zweckmäßig gleich derjenigen der Maulquerschnitte zu wählen; für die Armaturen sind jedoch die von der Armaturenindustrie festgelegten Abmessungen einzuhalten.

5. Als kleinster begehbarer Querschnitt sind die Eiform 700/1050 und die überhöhte Eiform 600/1050, besser die überhöhte Eiform 700/1225 anzusehen.

6. Die Querschnittsformen und Querschnittsabmessungen mit den hydraulischen Werten für die Querschnittsfläche f, den Querschnittsumfang U und den hydraulischen Radius $R = f/U$ sind in den folgenden Tafeln zusammengestellt[1]. Über weitere hydraulische Werte der Querschnitte vergleiche folgende Abhandlungen:

Thormann, E.: Einheitliche Leitungsquerschnitte für Entwässerungsleitungen. Gesundheits-Ingenieur 64 (1941), Heft 8, S. 103/110.

Thormann, E.: Tafeln zur Berechnung von Entwässerungsleitungen. Gesundheits-Ingenieur 64 (1941), Heft 41, S. 550/560.

Schoenefeldt, O.: E. Thormann, A. Conrads, Einheitliche Leitungsquerschnitte für die Stadtentwässerung. Gesundheits-Ingenieur 66 (1943), Heft 16, S. 192/200.

Thormann, E.: Füllhöhenkurven von Entwässerungsleitungen. Gesundheits-Ingenieur 67 (1944), Heft 2, S. 35/47.

Querschnittsformen und -abmessungen

mit den hydraulischen Werten für die Querschnittsfläche f, den Querschnittsumfang U und den hydraulischen Radius $R = \dfrac{f}{U}$.

---

[1] Die Zahlen sind abgerundet angegeben.

A. Kreisquerschnitt.

1. Kreisquerschnitt.

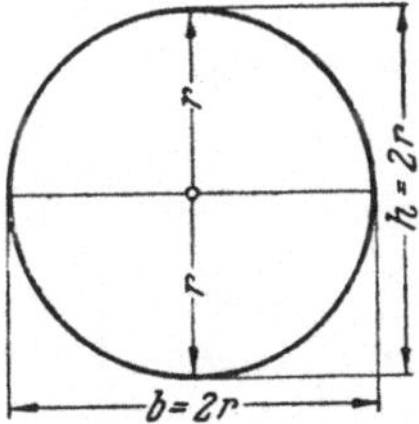

Achsenverhältnis

$b : h = 2 : 2$

$f = 3{,}142 \cdot r^2$

$U = 6{,}283 \cdot r$

$R = 0{,}500 \cdot r$

Nennweite = Durchmesser	r	f	U	R
mm	m	m²	m	m
40	0,02	0,0013	0,126	0,010
50	0,025	0,0020	0,157	0,013
65[1]	0,0325	0,0033	0,204	0,016
80[2]	0,04	0,0050	0,251	0,020
100	0,05	0,0079	0,314	0,025
125	0,0625	0,012	0,393	0,031
150	0,075	0,018	0,471	0,038
200	0,10	0,031	0,628	0,050
250	0,125	0,049	0,785	0,063
300	0,15	0,071	0,942	0,075
350	0,175	0,096	1,100	0,088
400	0,20	0,126	1,257	0,100
450[3]	0,225	0,159	1,414	0,113
500	0,25	0,196	1,571	0,125
600	0,30	0,283	1,885	0,150
700	0,35	0,385	2,199	0,175
800	0,40	0,503	2,513	0,200
900[3]	0,45	0,636	2,827	0,225
1000	0,50	0,785	3,142	0,250
1200	0,60	1,131	3,770	0,300
1400	0,70	1,539	4,398	0,350
1600	0,80	2,011	5,026	0,400
1800	0,90	2,545	5,655	0,450
2000	1,00	3,142	6,283	0,500
2200	1,10	3,801	6,912	0,550
2400	1,20	4,524	7,540	0,600
2600	1,30	5,309	8,168	0,650
2800	1,40	6,158	8,797	0,700
3000	1,50	7,069	9,425	0,750

[1] Nennweite 65 nur für Stahlrohre und Armaturen, kann bei Ausführung in Stahl, Grauguß und Keramik auch mit 70 mm Durchmesser geliefert werden. Steinzeugrohre 75 mm Durchmesser.

[2] Nur für Druckrohre in Stahl nach DIN 2442, 2449, 2450, 2451, 2453, 2454, 2456, 2460.

[3] Wird nicht in Stahl geliefert.

Querschnitte, für die gehäuselose Armaturen gefertigt werden, in Umrahmung.

B. Eiquerschnitte.

2. Überhöhter Eiquerschnitt.

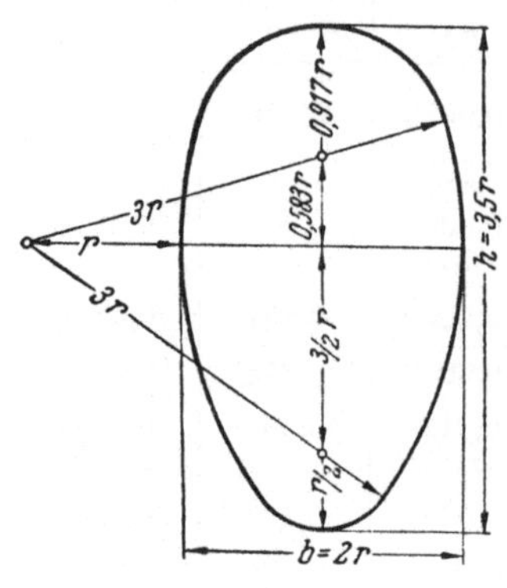

Nennweite $b \times h$	r	f	U	R
mm	m	m²	m	m
600 × 1050	0 30	0,494	2,655	0,186
700 × 1225	0,35	0,673	3,098	0,217
800 × 1400	0,40	0,879	3,540	0,248
900 × 1575	0,45	1,112	3,983	0,279
1000 × 1750	0,50	1,373	4,425	0,310

Achsenverhältnis
$$b : h = 2 : 3,5 \quad - \quad f = 5,492 \cdot r^2 \quad - \quad U = 8,851 \cdot r \quad -$$
$$R = 0,621 \cdot r$$

3. Normaler Eiquerschnitt.

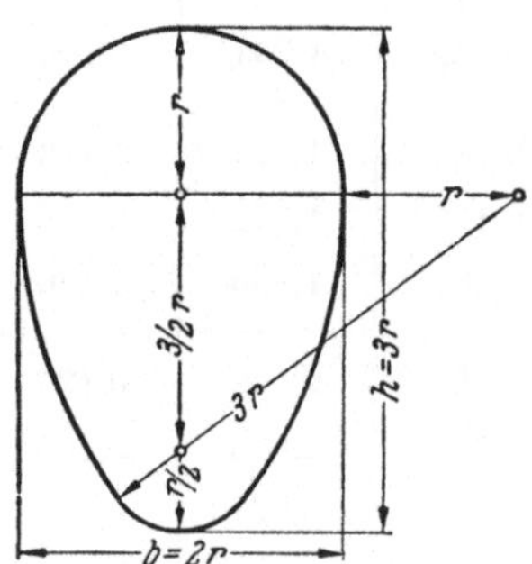

Nennweite $b \times h$	r	f	U	R
mm	m	m²	m	m
500 × 750	0,25	0,287	1,982	0,145
600 × 900	0,30	0,413	2,379	0,174
700 × 1050	0,35	0,563	2,775	0,203
800 × 1200	0,40	0,735	3,172	0,232
900 × 1350	0,45	0,930	3,568	0,261
1000 × 1500	0,50	1,149	3,965	0,290
1200 × 1800	0,60	1,654	4,758	0,348
1400 × 2100	0,70	2,251	5,551	0,405
1600 × 2400	0,80	2,940	6,344	0,463

Achsenverhältnis
$$b : h = 2 : 3 \qquad U = 7,930 \cdot r$$
$$f = 4,594 \cdot r^2 \qquad R = 0,579 \cdot r$$

Querschnitte, für die gehäuselose Armaturen
gefertigt werden, in Umrahmung.

4. Breiter Eiquerschnitt.

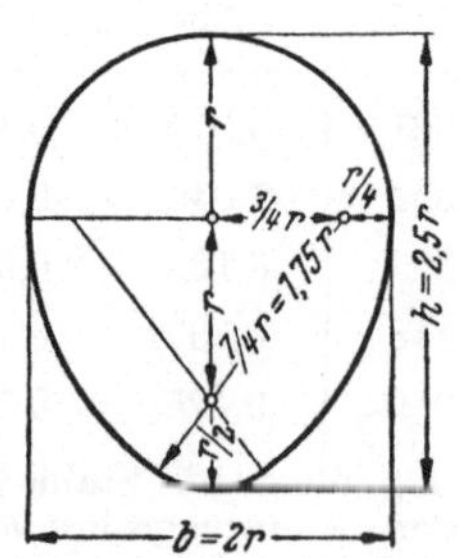

Nennweite $b \times h$	r	f	U	R
mm	m	m²	m	m
1000 × 1250	0,50	0,956	3,516	0,272
1200 × 1500	0,60	1,376	4,219	0,326
1400 × 1750	0,70	1,873	4,922	0,381
1600 × 2000	0,80	2,446	5,626	0,435
1800 × 2250	0,90	3,096	6,329	0,489
2000 × 2500	1,00	3,823	7,032	0,544
2400 × 3000	1,20	5,505	8,439	0,652

Achsenverhältnis
$$b : h = 2 : 2,5 \qquad U = 7,032 \cdot r$$
$$f = 3,823 \cdot r^2 \qquad R = 0,544 \cdot r$$

5. Gedrückter Eiquerschnitt.

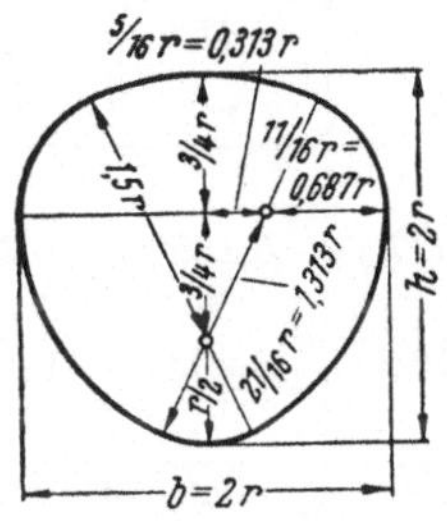

Achsenverhältnis

$b : h = 2 : 2$ $U = 6{,}286 \cdot r$

$f = 3{,}097 \cdot r^2$ $R = 0{,}493 \cdot r$

Nennweite $b \times h$	r	f	U	R
mm	m	m²	m	m
1200 × 1200	0,60	1,115	3,771	0,296
1400 × 1400	0,70	1,518	4,400	0,345
1600 × 1600	0,80	1,982	5,028	0,394
1800 × 1800	0,90	2,509	5,657	0,443
2000 × 2000	1,00	3,097	6,286	0,493
2400 × 2400	1,20	4,460	7,543	0,591
2800 × 2800	1,40	6,071	8,800	0,690
3200 × 3200	1,60	7,929	10,057	0,788

C. Maulquerschnitte.

6. Überhöhter Maulquerschnitt.

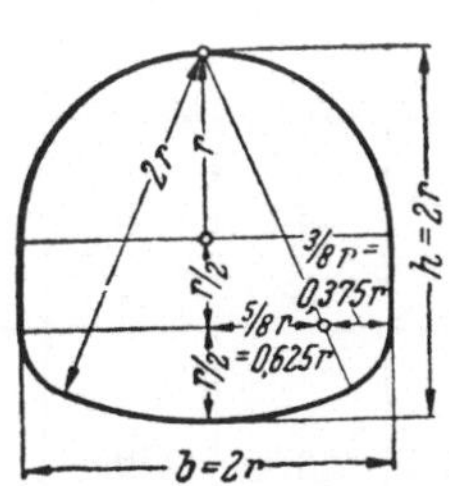

Achsenverhältnis

$b : h = 2 : 2$ $U = 6{,}603 \cdot r$

$f = 3{,}378 \cdot r^2$ $R = 0{,}512 \cdot r$

Nennweite $b \times h$	r	f	U	R
mm	m	m²	m	m
1200 × 1200	0,60	1,216	3,962	0,307
1400 × 1400	0,70	1,655	4,622	0,358
1600 × 1600	0,80	2,162	5,282	0,409
1800 × 1800	0,90	2,736	5,943	0,460
2000 × 2000	1,00	3,378	6,603	0,512
2400 × 2400	1,20	4,864	7,923	0,614
2800 × 2800	1,40	6,621	9,244	0,716
3200 × 3200	1,60	8,647	10,564	0,819

7. Normaler Maulquerschnitt.

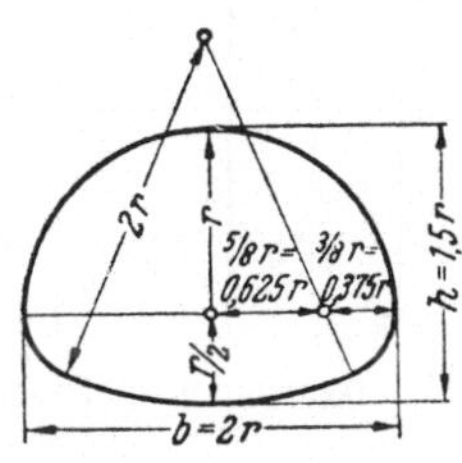

Achsenverhältnis

$b : h = 2 : 1{,}5$ $U = 5{,}603 \cdot r$

$f = 2{,}378 \cdot r^2$ $R = 0{,}424 \cdot r$

Nennweite $b \times h$	r	f	U	R
mm	m	m²	m	m
1600 × 1200	0,80	1,522	4,482	0,340
1800 × 1350	0,90	1,926	5,043	0,382
2000 × 1500	1,00	2,378	5,603	0,424
2400 × 1800	1,20	3,424	6,723	0,509
2800 × 2100	1,40	4,661	7,844	0,594
3200 × 2400	1 60	6,087	8,964	0,679
3600 × 2700	1,80	7,704	10,085	0,764
4000 × 3000	2,00	9,511	11,206	0,849

Querschnitte, für die gehäuselose Armaturen gefertigt
werden, in Umrahmung.

8. Gedrückter Maulquerschnitt.

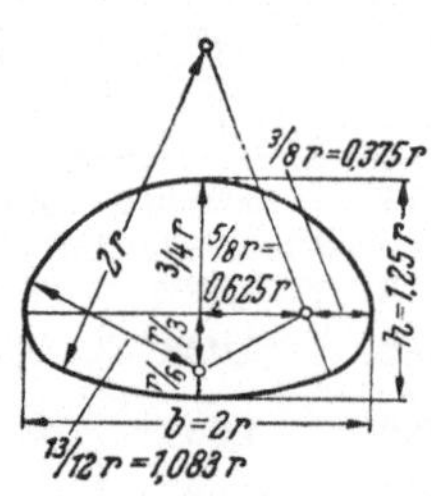

Achsenverhältnis

$$b:h = 2:1,25 \qquad U = 5,169 \cdot r$$
$$f = 1,937 \cdot r^2 \qquad R = 0,375 \cdot r$$

Nennweite $b \times h$	r	f	U	R
mm	m	m²	m	m
2000 × 1250	1,00	1,937	5,169	0,375
2400 × 1500	1,20	2,790	6,203	0,450
2800 × 1750	1,40	3,797	7,237	0,525
3200 × 2000	1,60	4,959	8,271	0,600
4000 × 2500	2,00	7,749	10,339	0,750

D. Rinnenquerschnitte.

9. Rinnenquerschnitt mit einseitigem Auftritt.

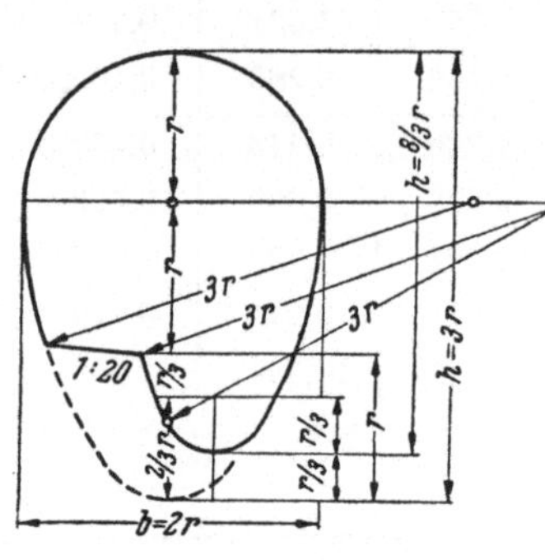

Achsenverhältnis
$$b:h = 2:{}^8/_3 = 3:4$$

Voller Querschnitt
$$f = 3,929 \cdot r^2$$
$$U = 7,578 \cdot r$$
$$R = 0,518 \cdot r$$

Rinne
$$f = 0,481 \cdot r^2$$
$$U = 1,801 \cdot r$$
$$R = 0,267 \cdot r$$

Nennweite $b \times h$		r	f	U	R
mm		m	m²	m	m
1650 × 2200	Voller Querschnitt	0,825	2,674	6,252	0,428
	Rinne		0,328	1,486	0,221
1800 × 2400	Voller Querschnitt	0,90	3,183	6,821	0,467
	Rinne		0,390	1,621	0,241
2100 × 2800	Voller Querschnitt	1,05	4,332	7,957	0,544
	Rinne		0,531	1,891	0,281
2400 × 3200	Voller Querschnitt	1,20	5,658	9,094	0,622
	Rinne		0,693	2,161	0,321

10. Rinnenquerschnitt
mit beiderseitigem Auftritt.

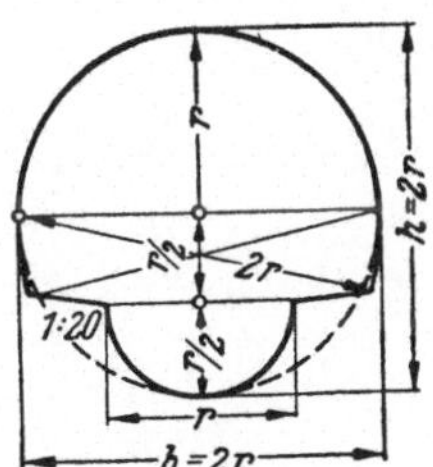

Achsenverhältnis
$b:h = 2:2$

Voller Querschnitt   Rinne
$f = 2,933 \cdot r^2$ $f = 0,393 \cdot r^2$
$U = 6,563 \cdot r$ $U = 1,571 \cdot r$
$R = 0,447 \cdot r$ $R = 0,250 \cdot r$

Nennweite $b \times h$ mm		r m	f m²	U m	R m
2600 × 2600	Voller Querschnitt	1,30	4,956	8,532	0,581
	Rinne		0,664	2,042	0,325
2800 × 2800	Voller Querschnitt	1,40	5,748	9,188	0,626
	Rinne		0,770	2,199	0,350
3200 × 3200	Voller Querschnitt	1,60	7,508	10,500	0,715
	Rinne		1,005	2,513	0,400
3600 × 3600	Voller Querschnitt	1,80	9,502	11,813	0,804
	Rinne		1,272	2,827	0,450

Springer-Verlag / Berlin-Göttingen-Heidelberg

Taschenbuch für Bauingenieure

Mit Beiträgen von zahlreichen Fachgelehrten

Herausgegeben von

Professor Dr.-Ing. **Ferdinand Schleicher**

Berlin

Mit 2403 Abbildungen. XXIII, 1942 Seiten
Berichtigter Neudruck. 1949. Auf Dünndruckpapier
Ganzleinen DM 36.—

Inhaltsübersicht:

Mathematik - Mechanik starrer Körper - Mechanik flüssiger Körper - Festigkeitslehre und Elastizitätstheorie - Baustatik - Baustoffe und ihre Eigenschaften - Vermessungskunde Verkehrswirtschaft - Flugbetrieb, Linienführung und Flughäfen des Luftverkehrs - Straßenbau - Eisenbahnwesen - Erdbau - Tunnelbau - Bodenmechanik - Grundbau - Wasserwirtschaft - Flußbau - Stauanlagen - Wasserkraftanlagen - Binnenverkehrswasserbau - Seeverkehrswasserbau - Wasserversorgung und Entwässerung der Städte, landwirtschaftlicher Wasserbau - Wasserbauliches Versuchswesen - Städtebau und Nahverkehr - Massivbau - Stahlbau - Holzbau - Maschinenkunde des Bauingenieurs (einschl. Elektrotechnik) Sachverzeichnis

---

Bodenuntersuchungen für Ingenieurbauten. Von Dr.-Ing. habil. **Edgar Schultze,** ord. Professor an der Technischen Hochschule Aachen, Direktor des Instituts für Verkehrswasserbau, Grundbau und Bodenmechanik, und Dr.-Ing. **Heinz Muhs,** Geschäftsführer der Deutschen Forschungsgesellschaft für Bodenmechanik (Degebo), Technische Universität Berlin. Mit 498 Abbildungen. XI, 464 Seiten. 1950.   Ganzleinen DM 43.50

Preisermittlung und Veranschlagen von Hoch-, Tief- und Stahlbetonbauten. Ein Hilfs- und Nachschlagebuch zum Veranschlagen von Erd-, Straßen-, Wasser- und Brücken-, Stahlbeton-, Maurer- und Zimmererarbeiten. Zehnte, neubearbeitete Auflage. Von Dr.-Ing. **Ludwig Baumeister,** Regierungsbaurat a.D. Mit 142 Abbildungen. VIII, 508 Seiten. 1950.   Ganzleinen DM 25.50

Der Bauingenieur. Zeitschrift für das gesamte Bauwesen. Herausgeber: Professor Dr.-Ing. **F. Schleicher,** Dortmund. Mitherausgeber: Professor Dr.-Ing. **A. Mehmel,** Darmstadt. 26. Jahrgang. 1951. Monatlich ein Heft im Umfang von 32 Seiten. DIN A 4.   Vierteljährlich (3 Hefte) DM 9.—

Zu beziehen durch jede Buchhandlung